やさしい ISO 45001
（JIS Q 45001）
労働安全衛生マネジメントシステム入門

平林 良人 著

はじめに

　組織が事業を推進するにあたって，最も大切にすべきものが組織にいる働く人であることは言を待ちません．株主も顧客も関連組織も大切ですが，組織のパフォーマンスは働く人によって左右されることを考えると，働く人を第一に位置付けることは当然のことです．働く人への配慮にはいろいろありますが，筆頭にあげられるのは"労働安全衛生"です．職場が安全で健康な環境であることは，働くことの大前提になるものです．

　しかし，日本では 2017（平成 29）年の統計で，1 年間におよそ 1 000 人の方が労働災害の犠牲となって亡くなっています．世界では ILO（国際労働機関）の統計によると，2017 年には 200 万人を超える方が犠牲になっていると報告されています．

　このような状況の中，2018 年，ISO（国際標準化機構）は ILO の協力を得て OHSAS 18001 にかわる労働安全衛生マネジメントシステム規格である ISO 45001（JIS Q 45001）を発行しました．

　本書は，組織における労働安全衛生をだれにでも理解できるように，次のような観点から，できるだけやさしく解説しています．

①　労働安全衛生の概念は何か
②　労働安全衛生リスクとは何か
③　労働安全衛生マネジメントシステムとは何か
④　労働災害を減少させるにはどのようにすればよいのか
⑤　JIS Q 45100 とはどんな規格か

　第 1 章には 19 の Q&A を掲載していますので，手っ取り早く全貌を理解したい方には，この第 1 章が便利です．労働安全衛生をより詳しく知りたい方は，そこから第 2 章，第 3 章へと読み進んでいかれたらよいと思います．

本書が組織の労働安全衛生の促進に少しでも貢献できれば幸いです．最後に本書の編集にご尽力をいただいた日本規格協会出版情報ユニット編集制作チームの室谷誠氏，伊藤朋弘氏，山田雅之氏に感謝を申し上げます．

2018 年 11 月

平林　良人

目　　次

はじめに

第 1 章　労働安全衛生を知る 19 の質問　　9

❖ 概　念 ❖

Q1："安全"とはどのような状態をいうのでしょうか？ ………… 9
Q2："リスク"とはどんなことをいうのでしょうか？ …………… 10
Q3："リスクアセスメント"とはどんなことをいうのでしょうか？ …… 11
Q4："労働安全衛生"における"衛生"とはどんなことをいうのでしょうか？ …… 14
Q5："ハインリッヒの法則"とは何でしょうか？ ……………… 15
Q6："ヒヤリハット"とは何でしょうか？ ……………………… 16

❖ 社会一般 ❖

Q7："労働安全衛生法"とはどんな法律でしょうか？ …………… 17
Q8："度数率"とは何でしょうか？ ……………………………… 18
Q9：日本における労働安全衛生の歴史的経緯や実態を教えてください．…… 19
Q10：ILS とは何でしょうか？ …………………………………… 22
Q11：労働安全衛生と CSR とはどんな関係にあるのでしょうか？ …… 24

❖ マネジメントシステム ❖

Q12："マネジメントシステム"とはどんなシステムでしょうか？ …… 26
Q13："労働安全衛生マネジメントシステム"について説明してください．…… 27
Q14："ISO 45001 労働安全衛生マネジメントシステム規格"について教えてください．…… 29

Q15：ISO 45001 の制定の経緯はどのようなものですか？ ……………… 31
Q16：OHSAS と OH&SMS の二つの表記の違いは何でしょうか？ …… 34

❖認証制度❖

Q17：OHSAS 18001 から ISO 45001 への移行はどのようにできる
のでしょうか？ ………………………………………………………… 34
Q18：JIS Q 45100 とは何でしょうか？ ……………………………………… 35
Q19：JIS Q 17021-100 とは何でしょうか？ ……………………………… 37

第2章　組織における労働安全衛生　39

2.1　経営者の責務 …………………………………………………………………… 39
2.2　安全衛生配慮義務 ……………………………………………………………… 40
2.3　労働安全衛生マネジメントシステム導入の背景 ………………………… 42
2.4　社会に対する貢献 ……………………………………………………………… 43
2.5　労働安全衛生法 ………………………………………………………………… 45
2.6　労働安全衛生管理体制 ………………………………………………………… 47

第3章　リスクアセスメント　51

3.1　リスクとリスクアセスメントの概念 ……………………………………… 51
3.2　リスクアセスメントの実施手順 …………………………………………… 53
3.3　文　書　化 ……………………………………………………………………… 68

第4章　労働安全衛生マネジメントシステムの認定・認証制度　71

4.1　認定・認証制度 ………………………………………………………………… 71
4.2　認定機関と認証機関の役割 ………………………………………………… 73

4.3　審査員研修機関の役割 ………………………………………… 73
　4.4　　OHSAS 18001 の認証制度 ……………………………………… 75
　4.5　　ISO 45001 の認証制度 …………………………………………… 77
　4.6　　OHSAS 18001 から ISO 45001 への移行 ……………………… 77

第5章　ISO 45001:2018 について　　79

　5.1　附属書 SL（共通テキスト）……………………………………… 79
　5.2　ISO 45001:2018 の各箇条の説明 ……………………………… 81

第6章　労働安全衛生の今後について　　103

　6.1　労働安全衛生の現状 …………………………………………… 103
　6.2　労働安全衛生の今後 …………………………………………… 106
　　6.2.1　労働災害防止計画 ………………………………………… 106
　　6.2.2　労働安全衛生マネジメントシステム …………………… 110
　　6.2.3　イギリスに学ぶ自主的労働安全衛生 …………………… 112
　6.3　JIS Q 45100 ……………………………………………………… 113
　　6.3.1　日本版 OH&S マネジメントシステム規格（JIS Q 45100）
　　　　　作成の経緯 ………………………………………………… 113
　　6.3.2　JIS Q 45100 の解説 ……………………………………… 114
　6.4　JIS Q 17021-100 ………………………………………………… 127
　　6.4.1　JIS Q 17021-100 作成の経緯 …………………………… 127
　　6.4.2　JIS Q 17021-100 の解説 ………………………………… 127

　　　　引用・参考文献 …………………………………………………… 133
　　　　索　　　引 ………………………………………………………… 135
　　　　著者略歴 …………………………………………………………… 139

第 1 章　労働安全衛生を知る 19 の質問

❖ 概　念 ❖

 "安全"とはどのような状態をいうのでしょうか？

A1　"安全"とは，当たり前ですが"危険でない状態"をいいます．広辞苑（第七版，岩波書店，2018）には，"安全"とは"安らかで危険のないこと．"と説明されています．また，英英辞典にも，"safety"は，"not being dangerous or in danger（危険でない状態）"と説明されています．

　私たちの身の回りには危険があってはなりません．しかし，絶対に危険でない，すなわち絶対に"安全である"状態を実現することは不可能です．どんなに手を尽くしても，身の回りには何らかの危険の状態が存在します．

　私たちの身の回りはすべて，図 1.1 に示すように，"安全"と"危険"の間の"不安"（不完全な安全）という状態にあります．左側の安全という状態に近ければ危険の要素は少ないといえます．それに反して，右側の危険の状態に近ければ，危険の要素が多いといえます．私たちは，この"安全"と"危険"の間の"不安"の状態を，できるだけ左側の安全の状態に近づけたいのですが，この近づける活動を"安全管理活動"と呼びます．この安全管理活動は，家の中，職場の中，

図 1.1　"安全"と"危険"と"不安"
（長岡技術科学大学教授　杉本旭氏作図）

公共の場所など，人間が活動するあらゆる場所に必要とされる活動です．

"安全"（safety）の定義は，ISO/IEC Guide 51:2014（JIS Z 8051:2015 安全側面—規格への導入指針）（以下，"ISO/IEC Guide 51" という）に次のように定められています．

"許容不可能なリスク[*1]がないこと．"

 "リスク"とはどんなことをいうのでしょうか？

A2 "リスク"は，一般に"危険"と同じような意味に受け止められていますが，正しくは"危険の度合い"と理解するとよいと思います．専門的には，リスクは"危害の発生確率"と"危害（harm）の度合い"との組合せと説明されています．

　　　リスク＝危害の発生確率＊危害の度合い

　　（risk ＝ severity ＊ probability of occurrence）

　　　ここで，＊は"掛ける"（乗算）の意味ではなく，"組合せ"の意味です．

"危害の発生確率"は，危険源を危害に現実化させる可能性をいいます．また，"危害の度合い"は，危険源（ハザード）のもつ性質によって決まってきます．例えば，灯油の入ったポリタンクは危険源です．そこに火が近づかなければ，危険源は危害に現実化しません．しかし，火源が近づくと爆発する危険が高まります．

ゴルフをプレーする人は，ウォーターハザード（水の危険源）という言葉を聞いたことがあると思います．ゴルフコースの中に川や池があって，そこへ

[*1] ここ（ISO/IEC Guide 51）でいう"リスク"は"危害の発生確率及びその危害の度合いの組合せ．"です．ISO 45001（労働安全衛生マネジメントシステム—要求事項及び利用の手引）には異なった定義があり，それは"不確かさの影響．"です．なお ISO 45001 には，リスクの他に"OH&S リスク"の定義もあります（82 ページ参照）．詳細は巻末の引用・参考文献に記載の"ISO 45001:2018（JIS Q 45001:2018）労働安全衛生マネジメントシステム—要求事項の解説"を参照ください．

ボールを打ち込んでしまうと，なかなかコースの真ん中にボールを出すことができませんが，ボールを川や池に入れない限り，問題は起こりません．

労働安全衛生の世界では，危険源は"危険物"以外に，"危険場所""危険設備"などもその範囲に入ります．自然に存在するエネルギー，例えば，電気エネルギー，機械エネルギー，位置エネルギーなどは"本質危険源"と呼ばれ，"誘因危険源"と区別されます．"誘因危険源"とは，自然（一次）エネルギーから誘因されるエネルギーが顕在化したもの，例えば，回転部や移動部，高温部，高圧力部，高電圧部，高反発部のことをいいます．

一方"危害の発生確率"は，ゴルフの例でいうと，川や池にボールを入れてしまう可能性のことをいいます．ゴルフコースに池や川があることを知っていてボールを打ち込んでしまう場合と，知らずに打ち込んでしまう場合とがあります．知っている場合とは，そこをまっすぐ越えていくとスコアがよくなるメリットをねらう，俗にいう"火中の栗を拾う""無謀なリスクを冒す""リスキーな真似をする""ハイリスク・ハイリターン"というような場合です．

反対に，スコアが多少悪くなっても慎重に川や池を避けていく，"君子危うきに近寄らず""きじも鳴かずば撃たれまい""さわらぬ神にたたりなし"という戦略もありえます．危険源に何らかの要素が接触すると危害が発生しますが，危険源があっても，何らかの要素と接触しなければ危害は発生しません．上述のリスクの式から理解できるように，"危害の発生確率"か"危害の度合い"が0（ゼロ）になればリスクも0になります．

"危害の発生確率（probability of occurence）"は，"暴露（exposure）の確率"と呼ばれる場合もあります．

 "リスクアセスメント"とはどんなことをいうのでしょうか？

A3 （第3章参照）日本では，従来から安全は，"安らかで危険のないこと"として，"危害のないこと"，すなわち絶対安全の理想を求めてきました．しかし欧米では，安全は"受入れ可能なレベルにまでリスクを低減する"として，何

らかの危険度合いが存在することを認めてきました．

　日本では安全を"危険があるかないか，0か1か"と考えてきたのに対し，欧米では"リスクという概念を使って，リスクの大きさが所定のレベル以下であれば安全とする"と考えてきたのです．近年は日本にもこの考え方が導入され，理解されるようになってきました．

　この"所定のレベル以下"は，"許容可能なリスク（tolerable risk）"として，次のように説明できます．すなわち，絶対的な安全というものはあり得ず，ある程度のリスクは残ります．物を作るプロセスにおいてはリスクを許容可能なレベルにまで低減させ，相対的に安全である状態にしなければなりません．許容可能なリスクは，目的への適合性，費用対効果及び社会慣習のような諸要因により決定されます．組織における諸要素（技術，知識及び経済的に実現可能な水準など）が変化したときには，許容可能なリスクのレベルを見直しすることが必要です．

　ISO（International Organization for Standardization：国際標準化機構）とIEC（International Electrotechnical Commission：国際電気標準会議）が共同で作成したISO/IEC Guide 51では，"許容可能なリスク"を"現在の社会の価値観に基づいて，与えられた状況下で，受け入れられるリスクのレベル．"と定義しています．

　ISO/IEC Guide 51では，リスクアセスメントに関係する用語は次のように説明されています．

・リスクアセスメント：リスク分析及びリスクの評価からなる全てのプロセス．
・リスク分析：入手可能な情報を体系的に用いてハザードを同定し，リスクを見積もること．
・ハザード：危害の潜在的な源．
・危害：人への傷害若しくは健康障害，又は財産及び環境への損害．

　リスクアセスメントは，図1.2に示すような順序で実施されます（3.2節参照）．
① 入手可能な情報を収集する（事前準備）．

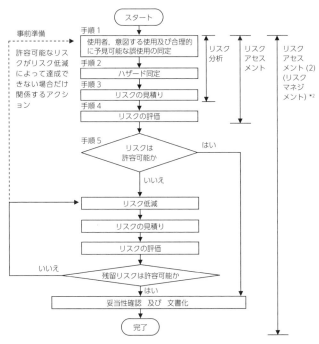

図 1.2 リスクアセスメント及びリスクの低減の反復プロセス
(ISO/IEC Guide 51:2014, 筆者により一部追記)

② どんな間違いがあり得るかを明確にする(使用者,意図する使用及び合理的に予見可能な誤使用の同定)(手順 1).
③ 潜在的な"危険源"(ハザード)を同定する(手順 2).
④ 危険源から発生するリスクの大きさを見積もる(手順 3).
⑤ リスクの大きさが許容できる範囲内かを評価する(手順 4).
⑥ リスクを低減する手段を決め,実施する.許容可能なリスク(又は許容

[*2] ISO/IEC Guide 51:2014 は"リスクの評価"で終わる狭義のリスクアセスメントを採用しているが,本書では"リスク低減"から"妥当性確認及び文書化"まで含めた広義のリスクアセスメント(2)を採用している.これは厚生労働省によって 2015(平成 27)年 9 月 18 日付けで官報公示された"危険性又は有害性等の調査等に関する指針"に合致するものである.

可能な残留リスク）は達成されたか判断する（手順5）．

許容可能なリスクを達成するまで繰り返すことによって，安全は達成されるとしています．このように，安全対策を講じた後のリスクレベルを確認し，それが許容可能なリスクになっているか見極める一連の活動を"リスクアセスメント"と呼んでいます．

 "労働安全衛生"における"衛生"とはどんなことをいうのでしょうか？

A4 広辞苑によると"衛生"とは"健康の保全・増進をはかり，疾病の予防・治療につとめること．"と説明されています．例えば，組織の中で風邪が流行り，休みをとる人が増えるようでは困ります．風邪に限らず，いろいろな伝染病は多くの人に危害を与えることから，健康の保全は大変重要なことです．

国は，国民が健康で大きな疾病が国全体に流行らないように，公衆衛生についていろいろな対策を立てています．行政は衛生管理を，国民の健康を保全するための保健行政と医薬行政の二つに大別して実行しています．

一つの組織においても，衛生に関して次のような管理，活動をすることが求められています．

① 健康障害を防止するための処置をとること
② 衛生のための教育の実施をすること
③ 健康診断の実施，診断結果に基づく事後処置，作業環境の管理，保健指導等の健康保持増進を図ること

そのために，常時50人以上の労働者の働く組織（職場）では，社内に産業医を選任することが労働安全衛生法によって求められています．

産業医の職務は次のようなものです．

① 健康診断の実施，その結果に基づく処置，作業環境の維持管理，作業の管理
② 健康の保持増進を図るための処置，衛生教育
③ 労働者の健康障害の原因調査及び再発防止の処置

④ 労働者の健康管理

健康診断は，定期健康診断，特定の業務に対する健康診断，海外派遣労働者の健康診断等に分かれており，健康診断の結果，必要があると認められるときは，就業場所の変更，作業の転換，労働時間の短縮，その他適切な処置を講じることを求めています．

 "ハインリッヒの法則" とは何でしょうか？

A5 "ハインリッヒの法則" とは，アメリカの技師ハインリッヒが 1931 年に提唱した経験則です．その著書 "産業災害防止論" の中で産業安全の原理として 10 項目をあげていますが，その中の 1 項目に次の記述があります．

"人々は，傷害を受ける前に平均 300 回以上の危険にさらされている．"

この項目は，有名な 1：29：300 のハインリッヒの "災害と傷害の比率モデルの三角形"（図 1.3）として知られています．

図 1.3 災害と傷害の比率モデル（Heinrich Theory, USA, 1931）

このハインリッヒの法則は，労働災害の事例の統計を分析した結果，導き出されたもので，同じ人間の起こした同じ種類の 330 件の災害のうち，300 件は無傷で，29 件は軽い傷害を伴い，1 件は重い傷害を伴っているというものです．ここから "1 件の重大災害（死亡・重傷）が発生する背景に，29 件の軽傷事故と 300 件のヒヤリハット（Q&A6 参照）がある．" という警告として，よく安全活動の中で出てくる言葉です．日常，ヒヤリハットの状態とまではい

かなくても（又は自覚しなくても），非常に不安全な状態や行動となると，相当な件数になるはずです．"いつもやっていることだから，今まで平気だったので……"という不安全行動が，いつヒヤリハットを飛び越え，一気に重大災害につながるかもしれません．"1：29：300"で言い表されている比率は，よく考えれば非常に高い確率で重大事故を招くことを示唆しています．いつやってくるかわからない災害を未然に防ぐには，不安全な状態や行動を認識し，ヒヤリハットの段階で地道に対策を考え，実行（よい習慣として身につける）していくことが重要です．

 "ヒヤリハット"とは何でしょうか？

A6 事故や災害には至らないが，当事者や周囲の人々が"ヒヤリ"としたり"ハット"したりした経験のことをいいます．"インシデント"（incident）ともいいます．これを収集・分析することで，不安全状態・不安全行動などの危険要因を事前に発掘して対策を施すことができます．また同時に，ヒヤリハットという観点から危険を見つけようとする姿勢が，各人の危険感受性を高めるという効果もあります．

安全管理の第一歩は，職場の危険要因を発見し，これを取り除くことによって災害の発生確率を低下させる危険管理にあるといえます．現場で働く労働者が自らの"ヒヤリ"としたり"ハット"したりした体験をオープンに報告するヒヤリハット活動は，危険管理の実践的な手法の一つで，効果が大きいものです．この活動は，いわば自分の失敗や恥をさらけ出すものであるため，それを本音で報告しても不利益を被ることがなく，前向きに許容する職場全体の雰囲気が重要となります．管理者は，これらの報告事例を災害の発生に結び付けないように排除することにより，その根を刈り取ることが重要です．

また，ヒヤリハット活動は，労働者に危険感覚（身近な危険を危険と感じ取る感覚）をもたせ，異常を発見する（危険を見る目を育てる）ための体験学習でもあることから，この学習を通じ，個人にとっても本質的なものとし，かつ，

労働者全体のものとして共通の危険体験として認識させていくことが必要です．

ヒヤリハット活動は，災害事例からの教訓を主体とした従来の安全管理の手法からさらに進んで，危険管理のための活動として，その重要性が認識されてきました．ヒヤリハット活動で提起された職場の危険要因の回避処置を知りながら放置し，"安全対策について従業員からの提案がなされているにもかかわらず，従業員の注意のみにその対策を求め，具体的処置を講じなかったことは安全施策を怠ったものである．"として，事業者が安全配慮義務を欠いたとした判例もあります．

❖ 社会一般 ❖

 "労働安全衛生法"とはどんな法律でしょうか？

A7 我が国の労働安全衛生法は，イギリスが1802年に制定した工場法などを雇用安全衛生法（労働安全衛生法に同義）に大改正した1974年より2年前の1972年に制定されました．労働安全衛生法の立法においては，イギリスの工場法や改正作業が参考にされました．

現行の労働安全衛生法は，イギリスの雇用安全衛生法と共通点が多く，ボランティア主義の国といわれるイギリスの事例が取り入れられています．例えば，労働安全衛生法の第一条（目的）に規定する"自主的活動の促進"の"自主的"とは"ボランティア"のことであり，参加型の活動を十分に配慮した法律となっています．

労働安全衛生法では，職場における労働者の安全と健康を確保するだけではなく，さらに進んで，快適な作業環境の形成の促進も目的としています．快適な作業環境の形成とは，作業に直結する施設・設備のみならず，これを含めた職場環境全体を快適なものにしていくという趣旨です．

また，目的を達成するために，事業者に加えて多くの利害関係者の責務を明確にしています．例えば，機械などの設計者，製造者，機械や原材料などを輸入し，販売・譲渡する者も，それぞれの立場で労働災害防止に努力する責務を

有します.建設業では,建設工事の注文者,設計者も含め,労働災害防止の責務を広く規定しています.また,従業員自身にも,必要な事項を守ることや,事業者などが実施する労働災害防止処置に協力することが求められています.

労働災害や健康障害を防止するための処置を規定したのが,労働安全衛生法の下位にある諸規則です.労働安全衛生規則では,潜在的危険性が高い機械設備などや有害物質などに対して,事業者が守るべき具体的な基準を定めています.

労働安全衛生法の条文は膨大であり,内容によっては,それを理解するために専門の研究が必要な分野もあるくらいです.しかし,あえてポイントをあげるとすると,次の四つにまとめられます.

① 責任体制の明確化——事業者責任(トップの責任)
② 危害防止基準の確立——危険防止処置
③ 自主的活動の促進——参加型の活動(ボトムアップ)
④ 総合的計画的な対策——統合管理システム

事業現場では,現場管理者も労働者も"安全第一"をスローガンに,労働安全衛生の課題を総合的に推進していかなければなりません.しかし,万が一事故が起こった場合は,その記録をとり,所定の手続きに従って監督官庁に報告することが必要です.行政では"度数率"(Q&A8参照)の統計を長年にわたってとっており,日本の労働安全衛生管理がどのような方向に進んでいるかを時系列的に監視しています.

 "度数率"とは何でしょうか?

A8 "度数率"とは,"労働時間100万時間当たりに発生する死亡及び休業者数"を表したものであり,次の数式によります.

度数率=(労働災害による死傷者数)÷(延労働時間数)× 100万時間

例えば,年間労働時間が約2 000時間/人で従業員が500人の組織であると,年間延労働時間数は100万時間となります.そのため,1年間で死傷者数が1の場合の度数率は1.0となります.従業員100人の組織であれば5年間で死

傷者数が 1 の場合に度数率は 1.0 となります．従業員 50 人の組織であれば 10 年間で死傷者数が 1 の場合に度数率が 1.0 となります．

度数率＝（労働災害による死傷者数）÷（延労働時間数）×100 万時間

産　業 ＼ 年	2012 (H 24)	2013 (H 25)	2014 (H 26)	2015 (H 27)	2016 (H 28)
鉱業・採石業・砂利採取業	0.43	0	0.33	1.08	0.64
道路貨物運送業	2.86	3.27	2.85	2.68	2.62
建設業（総合工事業を除く）	0.62	0.83	0.87	0.74	0.75
製造業	1.00	0.94	1.06	1.06	1.15
倉庫業	2.11	2.36	2.85	2.77	2.97
水運業	1.39	1.54	1.33	1.23	1.51

（注）年間労働時間　約 2 000 時間／人　➡　年間延労働時間
　　　従業員　　　　500 人　　　　　　　　100 万時間
　　　従業員 50 人なら 10 年間に死傷者数 1 ＝度数率 1

図 1.4　度数率の推移

我が国の最近の業種別の度数率をみると，図 1.4 のようになります．このように，道路貨物運送業，倉庫業，水運業では，まだまだ高い数字ですが，鉱業・採石業・砂利採取業，建設業（総合工事業を除く），製造業においては，度数率 1 の時代となりました．組織規模でみると，労働災害はめったに起こらないレベルにまで向上しているとみていいと思います．我が国の度数率を先進国の中でも安全成績のよいイギリスと比較してみても，統計のとり方の違いにより一概に言えない面もありますが，おおむね同程度となっています．

 日本における労働安全衛生の歴史的経緯や実態を教えてください．

A9　我が国の労働安全衛生の歴史は，時代の特徴を背景として，次の五つの時代に区分することができます．

（1）　明治時代

明治維新後，日本は欧州先進国に追い付くため"富国強兵"を掲げ，国家

主導の産業振興を強力に進めました．このころは，新興勢力としての企業が大きな機械を活用し，危険有害な化学物質を使用し始めた時期です．機械・化学などの重工業にはいまだ本格的な発達はみられず，明治時代の労働条件は非常に過酷なものでした．爆発などの労働災害も少なからずあるなか，大阪府は1877（明治10）年，"製造所取締規則"を発布し，1896（明治29）年"製造場取締規則"として制定しました．

社会政策的な考え方や人道主義的な主張が芽生えるに伴って，労働保護立法の必要性が叫ばれ，若年者の使用禁止，長時間労働の規制などを主な内容とした我が国の"工場法"が1911（明治44）年に公布され，1916（大正5）年に制定・施行されました．

(2) 大正時代

工場法の施行に伴い，国は農商務省商工局に工場課を新設し，全国の工場を監督しました．しかし，全国の工場の数は増加し続け，工場監督官だけでは対応しきれず，大正初期には警察職員を大量に配置して監督にあたらせる規模になりました．このような社会的風潮の中で，1919（大正8）年には我が国で初めての"安全週間"が東京で開催されました．シンボルマークとして"緑十字"が採用され，現在も安全のシンボルマークとして引き継がれています．

1923（大正12）年には法の改正があり，常時10人以上を雇用する工場に法の適用がされることになりました．第一次世界大戦による好況も手伝って産業の重化学工業化が進み，工業労働者による労働運動も高まりを示してきました．

(3) 昭和戦前

1932（昭和7）年，我が国で初めての"全国産業安全衛生大会"が産業福利協会の主催により東京で開催されました．この大会は，第二次世界大戦の戦中戦後10年間の中断（昭和16年〜昭和25年）がありましたが，現在でも全国安全週間と並んで，安全推進の全国行事としての伝統を持ち続けています．

しかし，1937（昭和12）年の日中戦争勃発以降，日本は次第に軍部の力が

国を動かしていくようになります．軍需生産優先のための1日12時間労働が普通となり，未熟練工の大量投入による労働災害も急激に増加していきました．

(4) 昭和戦後

1947（昭和22）年，"労働基準法"が制定され，8時間労働を含む国際的な基準が一挙に実現されることになりました．同年に，労働省（現在の厚生労働省）が設置され，"労働安全衛生規則"や"労働者災害補償保険法"も制定されました．

昭和30年代に入り，あらゆる産業で機械設備の大型化・高圧化・高速化などが進展したほか，新しい化学物質も次々に開発され，使用されるようになりました．この結果，ひとたび災害が発生すると多数の死傷者を出し，災害発生件数も増加の一途をたどり，休業8日以上の労働災害が1961（昭和36）年にはピークの48万人に達しました．

こうした情勢に対し，1964（昭和39）年には"労働災害防止団体等に関する法律"が成立し，同年，中央労働災害防止協会ほか建設業を含む5業種の災防協会が誕生しました．

また，1972（昭和47）年に，従来の労働基準法から独立して，"労働安全衛生法"が制定されました．

(5) 平成時代

今日，これまでのような労働災害防止運動による災害防止対策にも限界がみえてきており，現在もまだ多くの労働災害による犠牲者が例年のように発生しています．単なる"安全運動"ではなく，安全確保のために必要な技術の利用を適切に行うための具体的な手段を整備することが必要になってきています．

我が国の労働災害による死傷者数（休業4日以上）は減少を続けており，死亡者数も1998（平成10）年には初めて2 000人を下回るレベルとなり，2015（平成27）年には初めて1 000人を下回りました．しかし，いまだに1 000人近くの労働災害による死亡者が年間あるという状況にあり，被災労働

者数（労災保険新規受給者数）は年間 65 万人［2017（平成 29）年］に及んでいます．

ILS とは何でしょうか？

A10 ILS は International Labour Standards（国際労働基準）であり，ILO（International Labour Organization：国際労働機関）の標準のことです．

　労働者の労働条件や労働環境などの最低労働基準設定による保護は，厳しい貿易競争のもとでは，各国の国内法制に任せていては十分に確保されず，国際的なルール作りが不可欠であるとの認識により，1919 年の設立以来，ILO は多くの条約（議定書が付属するものがある）と勧告を制定してきました．この ILO において制定される条約と勧告を指して ILS（国際労働基準）といいます．

　ILS が取り扱う分野は広範囲にわたり，"結社の自由，強制労働の禁止，児童労働の撤廃，雇用・職業の差別待遇の排除"といった基本的人権に関連するものから，"三者協議，労働行政，雇用促進と職業訓練，労働条件，労働安全衛生，社会保障，移民労働者や船員などの特定のカテゴリーの労働者の保護"など，労働に関連するあらゆる分野に及びます．

　ILO において制定される条約は，国際的な最低の労働基準を定め，批准国は条約を国内法に生かすという国際的義務を負うことになります．ILO による勧告は，批准を前提とせず拘束力はありませんが，加盟国の事情が異なることを配慮し，各国に適した方法で適用できる国際基準で，各国の法律や労働協約の作成にとって一つの有力な指針として役立つものです．

　さらに，条約・勧告とは異なる宣言や行動規範（code of practice），ガイドラインなどと呼ばれる法的拘束力を伴わない規範があり，条約や勧告とあわせて広義の ILS を構成しています．法的拘束力を伴わない点で条約と異なり，また採択手続が簡潔で，迅速な対応が可能である点で勧告とも異なっていますが，労働分野の変化に対応して適宜指針を与える重要な役割を果たしています．

　OH&SMS（Occupational Health and Safety Management System：労働

安全衛生マネジメントシステム）（Q&A13参照）にかかわる重要な規範が次のような経緯で策定されています．

　1996年9月，ISOがジュネーブで各国の利害関係者を集めて開催したワークショップ（参加者がある目的のために自主的に活動する集まり）で，"ILOは政労使の三者構成をとっているため，ISOよりも効果的なOH&SMS規格を開発し得る団体である"とされました．これを受けてILOはOH&SMS規格の開発の検討を開始し，1998年，国際労働衛生工学協会（International Occupational Hygiene Association：IOHA）と共同で，既存のOH&SMSに関するガイドライン，基準などの資料のレビューを行い，これをもとにOH&SMSに関するILOによるガイドラインの基本的な考えを取りまとめ，2001年6月，OH&SMSにかかわるガイドライン（以下，"ILOガイドライン"という）を理事会において承認しました．

　このILOガイドラインは，国レベルのガイドラインと組織レベルのガイドラインから構成されていますが，法的な拘束力をもつものではなく，国の法令や基準に置き換わることを意図したものでもありません．さらに，その適用において認証を求めるものでもありません．これは，あくまでも組織レベルのガイドラインであって，基本は，各国の労働安全衛生法を遵守することを求めたものです．その特徴を以下に説明します．

① 適用範囲：労働者の労働安全衛生に主眼を置いています．
② 労働者の参加：使用者は，適切なときは，国内法令及び国内慣行に従って安全衛生委員会を設置すること，これを有効に機能させること，及び安全衛生に関する労働者代表を承認することを推奨しています．
③ 責任及び説明責任：災害防止プログラム及び健康促進プログラムの策定を推奨しています．
④ 能力及び教育訓練：可能な場合は，すべての参加者に対して費用を求めることなく行われ，また，就業時間中に行われることを求めています．
⑤ 危険源に対する対策：危険源及びリスクを管理するために，予防処置及び防護処置の実施を推奨しています．

⑥ 調　達：組織の安全衛生要求事項を，購入仕様書及び賃貸仕様書に取り入れることが望ましいと強調しています．
⑦ 契　約：組織の安全衛生要求事項が，請負業者にも適用されるようなステップを定めています．
⑧ 監　査：監査者の選任について協議することを推奨しています．
⑨ 継続的改善：継続的な改善を達成するために考慮するべき処置を述べています．

 労働安全衛生と CSR とはどんな関係にあるのでしょうか？

A11　CSR は，"Corporate Social Responsibility"の略であり，"企業の社会的責任"と訳されています．企業だけが社会に責任を負うのはおかしいという意見で，単に SR と呼ばれる場合もあります．例えば，政府（government）もこのような概念のもとにあるべきであるとの考えでは，GSR（Government Social Responsibility）という呼称もあってしかるべきだというわけです．

　21 世紀に入って，世界的にいろいろな企業が社会に対しての不祥事を起こし

ています．アメリカでは，エンロン社，ワールドコム社などの不祥事が有名ですが，日本でも食品会社や電力会社，建設会社，重電（大型の電気機械）メーカーなどの社会的問題が新聞紙面をにぎわしたのは，記憶に新しいことでしょう．

情報化社会が進むにつれて，世界の1か所で起こったことが瞬時に世界に伝わることの影響をよく考えていかなければなりません．従来は局地的にしか伝わらなかった情報が，広く世界に伝えられることによって，いろいろな変化が現れてきていますが，その中の一つにSRIという投資活動があります．SRIは，"Social Responsible Investment"（社会的責任投資）と呼ばれる欧米を起源とする投資の考え方です．社会的に責任をもっていると信任されている会社の株を積極的に購入していこうという動きです．最近では，国連がSDGs（Sustinable Development Goals：持続可能な開発目標）と称して，17の目標を掲げ，機関投資家にSRIを呼びかけています．

CSRという言葉が最初に使われたのは，2001年といわれています．ISOの委員会の一つにISO/COPOLCO（Committee on consumer policy：消費者政策委員会）という組織がありますが，そこで議論され，ISO/TMB（Technical Management Board：技術管理評議会）に取り上げられたからです．

組織が社会にどのような責任を負うのか，いろいろな意見がありますが，"労働安全衛生"も社会に対して組織が守らなければならない重要な要件の一つです．CSRの中には，安全衛生のほかに，環境保全や製品品質管理，情報公開，倫理的行動，雇用確保など，多くの要件が含まれています．企業の不祥事が相次いだ2002年，内閣府は"消費者に信頼される事業者となるために──自主行動基準の指針"を発表しています．この報告書の中には以下に例示するような，CSRの具体的な対象範囲があげられています．

① 消費者との関係
② 従業員との関係
③ 取引先との関係
④ 株主との関係
⑤ 政治，行政との関係

⑥　反社会的勢力及び団体について
⑦　海外での事業における現地との関係
⑧　環境問題への取組み
⑨　人権問題への取組み
⑩　労働問題への取組み
⑪　社会貢献活動への取組み　　など

❖マネジメントシステム❖

 "マネジメントシステム"とはどんなシステムでしょうか？

A12　"マネジメントシステム"とは，附属書SL（5.1節参照）のAppendix 2（付録2）の3.4によると"方針，目的／目標及びその目的／目標を達成するためのプロセスを確立するための，相互に関連する又は相互に作用する，組織の一連の要素."と定義されています．どんな組織も一つのまとまった存在としてとらえることができ，その中には組織の目的や性質，製品，規模，所在などから派生する独自のマネジメントシステムがあります．必ずしもマネジメントシステムとは呼ばなくても，組織はその目的を達成するためにいろいろな体制や方法，手法などを経験的に採用しています．

　人が多く集まると，そこには自然と分業が成り立ち，それを管理する業務が必要になってきます．組織の目的を，例えば"事業収益"と"社会貢献"だとするならば，その目的を効果的に達成するための方法，例えば，製品開発と品質管理，労働安全衛生管理に関するツールや手段が整備されていきます．組織を人間の身体に例えると，頭脳の仕事と手足の仕事とに分かれていきます．製品開発など，創造的な仕事に従事する人と，製品開発されたものを実行する仕事に従事する人とに分かれていくわけです．

　同じ作業を行う人が多くなってくると，一つのチームになり，やがて係，課，部となっていきます．組織の発展に従って，機能の分化と人の管理の両面から徐々に組織の体制が作られていくわけです．

"方針，目的／目標及びその目的／目標を達成するためのプロセスを確立するための，相互に関連する又は相互に作用する，組織の一連の要素."が形の上では存在していても，実際には機能しているとはいえない組織が多いのが実情でしょう．頭と手足がばらばらになっている組織が多いのです．頭と手足のバランスがとれていないのです．頭で命令したとおりに手足が動くには，いくつかの仕掛けが必要です．まず，神経が伝わっていないといけません．血液，筋肉がなければいけないし，血液，筋肉を継続的に活動されるためのエネルギーも必要です．

このような身体の例えを組織にあてはめてみると，トップから組織の末端まで経営者の指示が行き渡らないといけないし，課，部には必要十分な資源があり，それらが適切にコントロールされなければなりません．要するに，経営者の方針や考えていることが，組織の部署の資源によって適切に展開され，実現されていかなければなりません．

そしてさらに重要なことは，一度実現したことをいつも最新化し，かつ，実際に実行されている状態を維持することです．"方針，目的／目標及びその目的／目標を達成するため"には，いろいろな工夫が必要になります．この工夫や仕掛けを総合して"システム"と呼んでいます．

 "労働安全衛生マネジメントシステム"について説明してください．

A13 Q&A4で"労働安全衛生"，Q&A12で"マネジメントシステム"を扱いましたが，この二つを合わせれば"労働安全衛生マネジメントシステム"ということになります．すなわち，"働く場所における安全と衛生に関して，方針，目的／目標及びその目的／目標を達成するためのプロセスを確立するための，相互に関連する又は相互に作用する，組織の一連の要素"ということです．

労働安全衛生マネジメントシステム［OH&SMS（Occupational Health and Safety Management System），以下，"OH&Sマネジメントシステム"又は"OH&SMS"という］は，経営における一つの管理ツールです．組織に

は，固有技術と管理技術の二つの技術があります．労働安全衛生についていえば，例えば，プレス機械の事故を低減するために，光線式安全装置を設置するというような対策をとることがあります．この場合，光線式安全装置がよいのか，機械式安全装置がよいのか，あるいは静電容量式安全装置がよいのかなどの技術的安全対策の検討から始まって，装置の設計や製造技術などの固有な技術が必要になりますが，このような技術のことを"固有技術"と呼んでいます．

一方で，いくら技術的に優れた内容をもっていても，だれもそれを活用しなければ何の意味もありません．組織をあげて有効に活用するためには，使い方を決め（Plan），実行させ（Do），チェックし（Check），それを見直しする（Act）といったマネジメントが必要となります．このやり方が"管理技術"と呼ばれるものです．

固有技術は創造的な仕事であるため，個人的に優れた人が必要となります．管理技術は組織全員の協力が必要となります．特に，労働安全衛生はその性格上，組織あげての全社活動にしなければ，事故撲滅への効果はなかなか出ないものといえます．

さらに従来は，公害や災害などを規制し，文化的な福祉国家を目指すのは，国家機関や地方自治体の役割であると考えられてきました．しかし，政府や行政に何でも任せることは，限りない増税につながるため，政府も社会奉仕活動の参加や寄付活動に対し，優遇税制処置や奨励政策を実施して，自主的（ボランティア）活動を支援する政策をとるようになってきています．

国際的な労働安全衛生マネジメントシステムの動向は，イギリスの影響が強く自主的活動の促進，参加型の活動重視がその方向であるといえます．我が国では，厚生労働省が，1999（平成11）年4月30日に"労働安全衛生マネジメントシステムに関する指針"（平成11年厚生労働省告示第53号　改正平成18年厚生労働省告示第113号）を公表しました．この厚生労働省告示は，イギリス規格 BS 8800（労働安全マネジメントシステム規格）をベースに作成されました．このため，この厚生労働省告示は BS 8800 のバージョンアップ版ともいえる OHSAS 18001（ISO 45001 が発行される前に世界に流通して

いた労働安全衛生マネジメントシステムのコンソーシアム規格）と似たものになっていました（コンソーシアム規格：ある特定の標準の策定に関心のある組織が自発的に集まって作成される規格）.

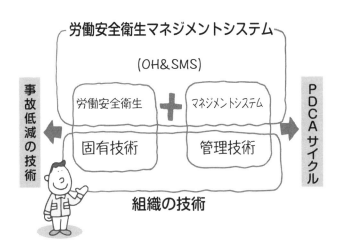

Q14 "ISO 45001 労働安全衛生マネジメントシステム規格"について教えてください.

A14 ISOマネジメントシステム規格の世界には，有名なISO 9000ファミリー規格と呼ばれるものがあります．これは品質マネジメントシステム規格と呼ばれ，製品を購入する顧客が，製造・販売する組織に，よい製品品質を維持するシステムを構築，実施するように要求してできたものです．1980年代後半から現在まで世界各地で採用され，産業界に一大ブームを巻き起こしました．

ISO 9000ファミリー規格が大きな成功を収めた理由は，いくつか考えられますが，一番の大きな理由は，規格と認証制度とを結び付けたことだといわれています．

法律による一律な規制では，法律がねらう効果がなかなか社会に徹底されていかなくても，社会が成熟化してくると経済の競争原理を使うことで組織の中

に染み込んでいく方法があります．それが ISO 9000 ファミリー規格が示した民間の自主的（ボランティア）な認証制度です．法的な規制は差別化の要因にはなりませんが，認証を受ける受けないは，自由であるだけに差別化の要因になるのです．自由経済社会においては，それが顧客，あるいは社会が望むものであれば，競争原理が働いてどんどん広がっていくのです．

　しかも，規制よりも組織に浸透していく力が強いのです．マネジメントシステムは，次のような仕組みで組織にシステムを構築，維持させます．

・トップからの強い指示で行われる．
・仕組み（システム）を可視化して維持させていく．
・継続的に行う．

　しかし，そのような仕組みを作るには，基準となる規格の存在が必須です．ISO マネジメントシステム規格がなければ認証制度をスタートできないわけです．したがって，ある対象を認証しようと考える国，あるいはグループはまず，その対象を規定する規格を作ることからその活動を始めます．それにより制定されたものが品質マネジメントシステムの国際規格である ISO 9000 ファミリー規格であり，環境マネジメントシステムの国際規格である ISO 14000 ファミリー規格です．同じように，労働安全衛生において，組織のマネジメントを外部の認証機関が認証するという仕組みを作り，実践していくための国際規格が ISO 45001 です．

　従来，ISO マネジメントシステム規格は，国家規格，地域規格，国際規格という段階的時間的経緯をたどってきました．例えば，ISO 9001 は，1970 年代のイギリス規格 BS 5750，アメリカ規格 ANSI/ASQC Z 1-15 などがベースとなり，1980 年代後半，ISO 9001 になったといわれています．環境マネジメントシステム規格である ISO 14001 も，やはり 1990 年前半の BS 7750 が，1990 年代後半，ISO 14001 になったとされています．

　もちろん，一つの国家規格がそのまま ISO 規格や IEC 規格のような国際規格になるのではなく，あくまでも各国の議論を始める"たたき台"としてその時点の該当する国家規格が採用されるものです．

ISO規格は参加国の投票で発行されることから，国際的なコンセンサスが成り立たないうちは，規格の発行はあり得ません．ISO 9001でもISO 14001でも，ISO規格発行前にISO/TMBにおいて，ISO規格にするという議決がなされています．

 "労働安全衛生マネジメントシステム規格"についても，1996年9月，ISO規格にするかどうかのワークショップ開催時点で，イギリス，オーストラリア，アイルランド，スペインなどが，労働安全衛生マネジメントシステムの国家規格をもっており，特に，BS 8800:1996は，ガイド規格（指針規格）であるにもかかわらず，認証用として使われていました．

 ISOは，このワークショップの後のISO/TMBで，労働安全衛生マネジメントシステム規格は当面策定しないことを決議しました．このため，この決議を受けた国家規格を有している国は，規格の内容を同じにしようということで，コンソーシアム規格としてOHSAS 18001/OHSAS 18002を策定しました（Q&A 16参照）．これによりOHSAS 18001に基づく労働安全衛生マネジメントシステムの認証が各国で進みました．その後の認証件数は増加の一途をたどり，ILOもその存在を無視できなくなりました．そうした背景をもとに，ILOはISOからの国際規格化の提案を受けて，2013年に労働安全衛生マネジメントシステムのISO規格化について覚書をISOと締結するに至りました．その結果，2018年に発行された国際規格がISO 45001です．

Q15 ISO 45001の制定の経緯はどのようなものですか？

A15 OH&SMSを国際規格にしようとする動きは，1994年5月，ゴールドコースト（オーストラリア）で開かれたISO/TC（Technical Committee：技術委員会）207の第2回総会におけるカナダ提案が最初でした．提案のきっかけは，1992年から始まった環境マネジメントシステム策定を検討する小委員会において，規格に盛り込むべき内容の境界線をどこにおくかの議論を巡るものでした．環境マネジメントシステムもOH&SMSも，劇物・毒物，有機溶剤，

騒音，廃棄物などを扱いますが，それらが，両者いずれの範疇に属するべきか区別をつける線がはっきりしません．当時の大方の見解は，組織の外に対しては環境マネジメントシステムで，内に対してはOH&SMSでというものであり，外向けの規格（ISO 14001）を作るなら，内向けの規格も作るべきであるという考えが，この提案の背景にありました．

　この提案を受け，ISOは1995年から翌年にかけて3回の会合を開き，OH&SMSの今後の方向について協議しました．1996年9月には，ジュネーブで各国の利害関係者を集めたワークショップを開催しましたが，OH&SMSのISO規格化は，賛否両論に意見が分かれました．ワークショップ後，各国参加者にアンケートをとった結果，賛成33％に対して反対43％という結果でした．1997年1月末，ISO/TMBを開催して，この案件を時期尚早として当面見送ることを正式に決定しました．

　ISOにおける規格作成のための通常の手続きは次のようなものです．
① ISOのすべてのメンバーボディ（正会員．ISOに加入している国に交付される会員資格の一つ）にISO/TMBへの提案を送付する．
② 新しいTCの設置に賛成するか否か，そのTCの業務に積極的に参加する意思があるか否かについて，3か月以内の投票を求める．
③ 投票結果において，投票数2/3以上のメンバーボディがTCの設置に賛成であり，かつ，5か国以上のメンバーボディがTCに積極的に参加する意思を表明すれば，新しいTCの設置を決定する．

1998年9月に開かれたISO総会で2回目の国際規格化の動きが起こりました．各国のOH&SMSに関する規格開発状況の調査を行い，OH&SMSの国際規格化を検討する決議が採択されました．1999年1月末，ISO/TMB及び理事会は調査結果を受けての報告と今後の対応について議論し，次のような結論を採択しました．

　　"今後OH&SMSに関する規格開発の提案がなされる場合には，ワークショップを開くことなく，通常の手続きに従って投票にかける．"

1999年11月，BSI（British Standards Institution：イギリス規格協会）

はISOにOH&SMS規格制定の提案を行いました．それを受けて，1999年12月，ISO/TMBは各国のメンバーボディに書簡を送付し，2000年4月，投票の結果，BSI提案は否決されました．反対意見として多かったのは，次のようなものでした．

・ILOとの共同作業，あるいはILO単独の作業が望ましい．
・現時点で独自のOH&SMS規格は必要ない．

　ISO規格化の障害となっていたのは，すでにOSHMSの指針を定めており，ISOによる規格化を好ましく思っていないILOとの関係でしたが，BSIは，労働安全衛生マネジメントシステムの認証件数が増加（当時，OHSAS 18001による認証が127か国，150 000件超）していることなどを理由に，2013年2月，OH&SMSの規格制定をISOに提案しました．2013年6月，OH&SMSのISO規格化の是非について投票が行われ，その結果，OH&SMSのISO規格化が決定し，ISO/TMBは，2013年6月，新しいPC（Project Committee：プロジェクト委員会．TCに属さないで特定の規格を作る委員会組織），ISO/PC 283を設置しました．メンバーは，70か国，15の非営利機関（ILOなど）からなっています．我が国からは，エキスパートとして日本規格協会，中央労働災害防止協会，株式会社テクノファの3組織からの派遣者が参加しました．

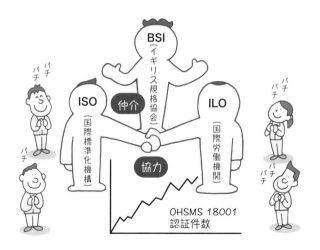

ISOとILOは，BSIの調整もあり，相互協力の文書を交換して議論を開始し，2013年8月には合意の覚書を締結しています．

ISO/PC 283は5年間の規格開発の活動を行い，2018年3月，OH&SMS規格であるISO 45001が発行されました．

 OHSAS と OH&SMS の二つの表記の違いは何でしょうか？

A16 OHSASとは，ISO 45001が制定される前に世界に流通していた"労働安全衛生アセスメントシリーズ"（Occupational Health and Safety Assessment Series）のことであり，次の二つの規格から構成されていた規格の総称です（Q&A13参照）．

① OHSAS 18001
② OHSAS 18002

労働安全衛生マネジメントシステム規格であるISO 45001が制定されたため，OHSAS 18000シリーズは今後廃止になる予定です（2021年）．

OHSASに類似した用語としてOH&SMSがありますが，これはQ&A13で説明した労働安全衛生マネジメントシステム（Occupational Health and Safety Management System）の略称です．したがって，OH&SMSは組織のマネジメントシステムの一つであって，規格を意味しているわけではありません．

なお，厚生労働省やILOでは"Health and Safety"を"Safety and Health"のように，言葉の順序を置き換えてOSHMS（Occupational Safety and Health Management System）と表記する場合がありますが，意味は同じです．

❖ 認証制度 ❖

 OHSAS 18001 から ISO 45001 への移行はどのようにできるのでしょうか？

A17 ISO 45001の発行により，OHSAS 18001は廃止されるため，OHSAS

18001 の認証を受けている組織は，ISO 45001:2018 の発行後の3年間の移行期間内（2021年2月まで）に ISO 45001 へ移行することが必要です．

OHSAS 18001 は ISO 規格ではないため，認定機関［日本の場合は公益財団法人日本適合性認定協会（Japan Accreditation Board：JAB）］からの承認のない認証機関からの審査が多く行われてきました．今回，ISO 45001 が国際規格として発行されたことを受けて，ISO 45001 に基づく認証を実施する認証機関は，機関の属する国の認定機関から認定（承認）を受けなければ認証業務を行ってはならないことになっています．

 JIS Q 45100 とは何でしょうか？

A18 （6.3節参照）Q&A15 で述べたように，ISO 45001 が制定されましたが，ISO 45001 は国際規格であるがゆえに，日本において実績のある要求事項はあまり多く入っていません．日本では，厚生労働省の"労働安全衛生マネジメントシステムに関する指針"（以下，"厚労省指針"という）に基づく労働安全衛生マネジメントシステムの構築が多くの事業場で実践され，安全衛生活動に関する日常活動には実績があります．

国際的に，労働災害防止への活動は，法的規制やガイドラインなどの制定に加え，マネジメントシステムの構築が労働災害の防止に有効であるとして，その活用が進んでいますが，日本に実績のあるツールは開発途上国には適用しづらいもののようです．

そこで，産業界の業界団体有志が中心になって，グローバル標準と整合し，かつ，日本社会にとって，より効果的な労働安全衛生マネジメントシステム構築を目指そうということになりました．国内における労働安全衛生マネジメントシステムの適切な普及と継続的な取組みの推進を通じて労働災害防止の実効性を上げることを目的として，厚労省指針にあって ISO 45001 にないものを追加の要求事項として取り入れた規格を"ISO 45001 ＋ α（プラスアルファ）"と呼び，2年にわたって検討がなされてきました．最終的には JIS Q 45100

として公示されました．追加の要求事項には次のようなものがあります．
① 日常的な安全衛生活動
  ・5S（整理・整頓・清掃・清潔・しつけ）
  ・ヒヤリハット訓練
  ・危険予知訓練　など
② リスクアセスメント
③ 健康確保活動
④ メンタルヘルス
⑤ 手順書

"ISO（JIS Q）17021と一体で運用できるJIS原案の検討委員会"は，認証制度の基準規格になることを前提にJIS Q 45001の検討を行いましたが，親委員会である"ISO 45001に基づく日本独自のOHSMS普及推進会議"においては，JIS Q 45001を基準にした認証制度の展開と普及を検討しました．

図1.5のように，JIS Q 45001とJIS Q 45100は序文から箇条10まで全く同じ構造，同じテキストです（間口と奥行きは同じ）．異なるのは，箇条によって追加の要求事項があること（深さ）です．この追加の要求事項は前述のように厚労省指針にあってJIS Q 45001にないプラスのものですので，認証においてはJIS Q 45100を取得すれば，JIS Q 45001も取得したことになります．

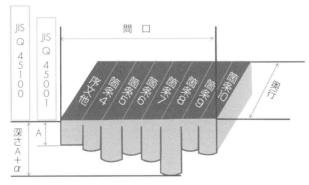

図1.5　JIS Q 45001とJIS Q 45100の関係

Q19 JIS Q 17021-100 とは何でしょうか？

A19 ISO 45001 を審査する審査員の力量は，ISO/IEC TS 17021-10 に規定されています．その翻訳された JIS は，JIS Q 17021-10（適合性評価—マネジメントシステムの審査及び認証を行う機関に対する要求事項—第 10 部：労働安全衛生マネジメントシステムの審査及び認証に関する力量要求事項）です．JIS Q 17021-100（適合性評価—マネジメントシステムの審査及び認証を行う機関に対する要求事項—第 100 部：労働安全衛生マネジメントシステムの審査及び認証に関する追加の力量要求事項）は，JIS Q 45100 を審査する審査員の力量を規定した規格です．JIS Q 45100 を適用して労働安全衛生活動に取り組む組織に対して，その認証を行う審査員への力量要求規格は主に次の観点から規格開発が行われました．

・リスクアセスメントの方法を知っていること
・労働安全衛生に関係する各種国内法規を知っていること

第2章 組織における労働安全衛生

労働安全衛生の問題については，各国とも法律により組織[*3]に対して事故防止管理を義務付けていますが，日本でも労働安全衛生法などにより，組織が守らなければならない要件を規定しています．

毎年公表される労働安全衛生関連の災害及び健康障害の統計は，事故がいかに犠牲者，家族，同僚，友人などに大きな苦痛と苦悩をもたらしているかを表しています．労働災害及び健康障害は，被災者本人，家族，仲間，経営者及び社会全体に多大な経済的コストを課すものです．

組織における労働安全衛生管理は，品質管理や環境管理などと同じように，組織にとって極めて重要なものです．

2.1 経営者の責務

すべての組織は，創業者が無からスタートし，それを後継者が引き継いで，現在の姿になっており，それぞれが独自の歴史をもっています．その歴史の中で，組織は幾多の試練に打ち勝ち，いろいろな経過をたどって現在の形になっています．順調に成長して大きくなった組織もあるでしょうし，そうでない組織もあるでしょう．途中で合併したり，吸収されたり，組織名が変わったりした組織もあります．しかし，すべての組織はそれぞれに独自な理念をもっていて，経営者が代々変わっても，創業以来の理念を脈々と伝えるように努力をし

[*3] 本書では，組織のトップを"経営者"とし，経営者が管理する主体を"組織"と表記しています．法律では，それぞれ"事業者"，"事業場"と表記していますが，本書では，同じ意味でそれぞれを用いています．

ています．

　経営者は年度ごとに自組織の年度方針，目標を立てます．おそらくどんな経営者であっても，年度方針には労働災害について触れていることと思います．組織の経営において，経営者が重要視すべき労働安全衛生に関する基本的事項は，次の3点になると思います．

① 組織には従業員の生命と健康を保護する責任がある．
② 労働災害は事前にリスクを予測し，未然に防止しなければならない．
③ 労働災害撲滅により，組織の体質を強じんにでき，社会や地域に貢献できる．

　経営者の多くは，経営者になった以上，地元で尊敬される組織にしたいと思うでしょう．尊敬される組織の第一条件は，事故を起こさないことです．

　しかし，事故を起こさないと願っているだけでは，本当に事故をなくすことはできません．事故撲滅という目的がはっきりしたら，そのための手段を決め実行に移していかなければなりません．

　経営者は，労働災害防止について，まずは事故撲滅という方針，目的を明確にし，関係する全員に周知することが重要です．

2.2　安全衛生配慮義務

　事業者は，法律によって組織の従業員が安全で健康な職場生活を送れるよう配慮する義務を負わされています．これを"安全衛生配慮義務"（従業員の生命と健康を保護する責任）といいます．法律で事業者の義務と規定されていなくても，安全衛生配慮義務は組織の責任者には当たり前のことです．もし，職場で事故が起こればどれほど多くの人々が悲しむのか，考えればすぐに理解できる話です．

　しかし，現実には大規模な事業場は別にして，中規模，あるいは小規模な事業場にとっては，安全衛生配慮義務の実施は難しいものがあり，次のような課題があることが指摘されています．

① 資金的な余裕がないため，設備上，十分な処置がされていない環境下で働かせざるを得ない．
② 親会社からの無理な納期の注文に応じざるを得ず，長時間労働にさらされるため，危険や疾病などに遭遇する機会が多い．
③ スタッフに恵まれず，リスクアセスメントのような前向きな管理をすることが時間的，能力的にできない．

経営者は，現実には上記のような課題が存在することを十分承知した上で，日々労働災害防止活動に取り組んでいかなければなりません．いつの時代にも"安全第一"の考えの下，職場内に決して事故を起こさせないという信念で経営活動を進めていかなければならないのです．そして，事業者が積極的に労働災害防止運動に取り組んでいる限りは，困難といわれる上記のような課題も解決可能です．

自組織で解決不可能であれば，労働災害防止団体や研究会に参加し，専門家から労働安全衛生に関する指導を受けることが可能です．時には外部の専門家と契約してコンサルティングしてもらうこともいいでしょう．

2.3　労働安全衛生マネジメントシステム導入の背景

　自組織に労働災害が起こったケースを想像してみましょう．まず，職場の人にどのような損害があったのか気になります．死亡災害だったら大変なことです．職場の仲間のショックもさることながら，ご家族のことを考えると夜も寝ていられない心境になるでしょう．物理的な損害も大きく，組織の損益に重くのしかかってきます．もちろん，社会的な信用低下はお金にかえられない大きな課題として，これから長く引きずっていかなければなりません．

　以上のコストを計算すると，労働災害の規模によりますが大変な金額にのぼることでしょう．加えて，損害保険の保険料のことを考えると，これまた大変な金額が弾き出されるでしょう．保険料は，無事故でいれば年々下がるシステムになっていますから，もし事故が起これば，保険料率は飛躍的に高くなってしまいます．大きな組織では，数千万円にものぼる金額になるでしょう．

　一方，日ごろからの管理によって労働災害を防止している組織のケースを考えてみましょう．組織の管理監督者が一番おそれることは，組織全体が慢心し，現場感覚をなくし，いつの間にか労働災害防止に心が向かなくなることです．ここ数年労働災害を起こしていないと，いっそう心配になるものです．何かが起こるのではないかと心配することが，労働災害防止へ一番の対策になることをよく知っています．このような配慮から定期的にパトロールをしたり，ヒヤリハット訓練をしたり，常に小さなことではあっても労働災害防止に心が向くような活動をしようとします．

　以上の二つの対照的なケースの違いは，前者が事後的（reactive）であるのに対して，後者は事前的（proactive）であるということです．もし，二つのケースを並べてどちらが望ましいかと聞かれれば，全員の人が事前的のほうがよいと答えるでしょう．

　問題は，職場の日常業務において，安全や健康だけを考えているわけにはいかないということでしょう．目の前には営業や設計，製造，出荷など，組織の売上げに直結するいろいろな仕事が山積みされています．つい明日の成績が明

確に見える仕事が優先になり，金額的な換算でもしない限りは，いつ効果が出るかわからない安全や健康問題は後回しになりがちです．

　しかし，上述したように安全や健康への取組みは，"忙しいから"，"他に重要な仕事があるから"といって，やらなくてよいという問題ではありません．重大な労働災害が起こってしまったら，思わぬ経済的，物理的，精神的な被害をこうむってしまいます．

　ここに労働安全衛生マネジメントシステム（OH&SMS）を導入する理由があります．人々の性格や行動，考え方は，皆違います．心配性の人もいれば，楽天的な人もいますし，すぐ行動に移す人がいれば，じっくり考えてからでないと行動に移さない人もいます．

　多くの人を一つの方向にもっていくには，その対象となることに対する組織方針，マネジメントシステム構築が必要となります．すなわち職場の中に，組織方針に基づくOH&SMSの仕組みがなければなりません．

2.4　社会に対する貢献

　組織は社会に貢献しなければなりません．特に立地している地域社会に対しては，どのようなことで貢献できるのかをよく考えることが大切です．労働安全衛生管理をきちんと実施することも，社会への大きな貢献になります．

　組織にはいろいろな人，物が出入りします．組織は，決して塀に囲まれた独立した治外法権の場所ではありません．それどころか，組織は社会との交流によって生かされているといったほうがよいでしょう．従業員が働いてくれなかったら，例えば，即工場は止まってしまいます．部品も請負企業から送られてきますし，原材料も取引先から購入していることでしょう．

　その交流の中には必ず人と人との接触，物と物との接触，及び人と物との接触があり，事故につながる危険性をはらんでいます．地元で労働災害を起こさないことがまず一つ目の必要な貢献です．

　二つ目に積極的な貢献を考えましょう．組織が蓄えたノウハウを地域社会に

還元することを考えたらどうでしょうか．地元には公共施設がたくさんあります．学校や図書館，市民会館，ミーティング設備などには多くの人が集まり，いろいろな活動をしています．そこでの安全衛生は，それぞれの責任においてきちんと実施されていることでしょうが，もし企業が労働安全衛生に関するノウハウで地元のいろいろな施設をチェックしたならば，もしかすると企業の目の細かさが行政の目の細かさよりも勝るかもしれません．

　三つ目は，ボランティア（自主）活動をすることです．組織が従業員に対してボランティア活動の実施を支援するのです．この場合，組織がその従業員をボランティア活動に派遣する場合と，従業員個人の自由時間にボランティア活動をすることを推奨する場合とが考えられます．

　欧米では昔から民間でできることは，できるだけ民間で実施していこうという気風があります．もちろん，行政が実施する規制を含んだ各種コントロール，例えば，公害規制や災害防止にまで踏み込むものではありません．NGO（非政府組織）の活動が話題になります．アフガニスタン紛争のときには，民間NGOの交渉パイプのほうが政府間の交渉パイプよりも有効に機能しました．このような国際舞台でのボランティア活動もありますが，私たちが考えるボランティア活動はもっと地元に密着したものです．設備安全チェックのほかにも，地元イベント時の交通整理，消防活動への協力，夜間警備への協力，環境整備事業への参加など，いろいろなことが考えられます．

　ボランティア活動のコンセプトは欧米からきたものです．欧米のボランティア活動の気風は，"小さな政府"が国家運営上，究極的には有益であるという経験に基づくものです．行政を大きくして税金を多くとられるより，自分たちができることはできるだけ民間で処理してしまおうという考え方です．

　労働安全衛生の管理においても，この考え方を応用したらよいのではないかと思います．規制される前に自主的に実施してしまうという考え方です．組織自身のためになると同時に，地域社会への貢献が大きい考え方といえるでしょう．

　組織の継続性が話題になってきています．厳しい経済環境の中でいかに生き

延びていくか，すべての組織が模索しています．地域社会から評価されることが，まずその一歩であると思います．CSR（企業の社会的責任）と呼ばれるコンセプトも，地域社会への貢献を求めています．

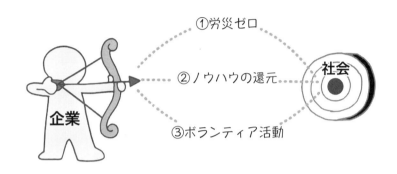

2.5 労働安全衛生法

労働安全衛生法は，法の目的を第一条に次のように定めています（要約）．
① （労働基準法と相まって，危害防止基準の確立，責任体制の明確化，自主的活動の促進等総合的・計画的な対策を推進することにより）安全と健康を確保し，
② 快適な職場環境の形成を促進する．

このように労働安全衛生法では，労働者の安全と健康を確保することに加えて，快適な職場環境の形成の促進を目的としていることを理解しておくことが必要です．いってみれば，労働者の安全と健康を確保することは最低条件であり，もっと積極的に快適な職場環境の形成を進めなければならないのです．

快適な職場環境は，建物や設備，空調などの物理的な条件だけでなく，良好な人間環境や雰囲気，やりがい，達成感などによってもたらされるものです．

事業者等の責務も，労働災害の防止のための最低基準を守るだけでなく，快適な職場環境の実現と労働条件の改善を通じ，労働者の安全と健康を確保することが求められているのです．

そして，第三条でこの目的を達成するための事業者等（事業者，機械等設計者，輸入業者，建築業者）の責務を次のように定めています．機械，器具その他の設備を設計し，製造し若しくは輸入する者，原材料を製造し若しくは輸入する者，建設物を建設し若しくは設計する者は，それぞれの立場で労働災害防止に努めるべき責務を有します．また，第三条は，この目的を達成するために，事業者だけでなく多くの関係者の責務も明確にしています．

① 事業者は，単にこの法律で定める労働災害の防止のための最低基準を守るだけでなく，快適な職場環境の実現と労働条件の改善を通じ，労働者の安全と健康を確保するようにしなければならない．

② 国の実施する労働災害の防止に関する施策に協力するようにしなければならない．

③ 機械，器具その他の設備を設計し，製造し若しくは輸入する者，原材料を製造し若しくは輸入する者，建設物を建設し若しくは設計する者は，これらの物が使用されることによる労働災害の発生防止に資するように努めなければならない．

④ 建設工事の注文者など，仕事を他人に請け負わせる者は，施行方法，工期等につき，安全で衛生的な作業の遂行を損なうおそれがある条件を付さないように配慮しなければならない．

このように，労働安全衛生法は労働安全衛生に関する基本的なことを定めていますが，具体的な規制項目や基準はその下位にある労働安全衛生規則に定められています．例えば，潜在的危険性が高い機械設備や有害物質に対して具体的な基準を定めています．事業者は，労働安全衛生法並びに労働安全衛生規則に定められた具体的な基準を遵守することが重要になります．

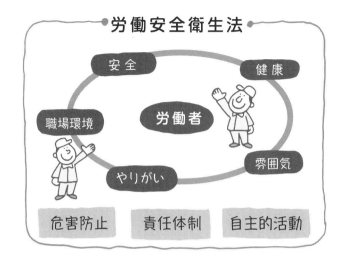

2.6 労働安全衛生管理体制

労働安全衛生法の第十条には，安全衛生管理体制を構築することが規定されています．一定の規模の事業場には，管理体制を設置し，法定の事項を管理者に権限委任し，管理させることになっています．例えば，林業や鉱業，建設業，運送業，清掃業における 100 人以上の事業所では，総括安全衛生管理者を選任し，その者に安全管理者，衛生管理者を指揮させ，業務を統括管理させることが求められているのです．

中小規模の事業場の場合でも，例えば，労働者が常時 10 人以上 50 人未満の事業場ごとに衛生推進者を選任し，衛生にかかわる業務を担当させることが求められています．

（1） 総括安全衛生管理者

労働安全衛生法第十条では，業種と一定の規模（従業員数）以上の事業場について，その事業を実質的に統括管理する者を総括安全衛生管理者として選任し，安全管理者，衛生管理者を指揮させ，法定の業務を統括管理させることが

定められています．

(2) 安全管理者

労働安全衛生法第十一条では，一定の業種及び規模の事業場ごとに，安全管理者を選任し，その者に安全衛生業務のうち，安全にかかわる技術的事項を管理させることが定められています．

(3) 衛生管理者

労働安全衛生法第十二条では，一定の規模（労働者が常時50人以上のすべての事業場）及び業種の区分に応じて衛生管理者を選任し，その者に安全衛生業務のうち，衛生にかかわる技術的事項を管理させることが定められています．また，業種により，第一種衛生管理者免許又は第二種衛生管理者免許を受けた者が必要となります．

(4) 安全衛生推進者，衛生推進者

労働安全衛生法第十二条の二では，労働者が常時10人以上50人未満の事業場について，安全衛生推進者又は衛生推進者を選任し，法定の業務を担当させることが定められています．

(5) 産業医

労働安全衛生法第十三条では，一定の規模（労働者が常時50人以上のすべての事業場）で，一定の医師のうちから産業医を選任し，専門家として労働者の健康管理等にあたらせることが定められています．

(6) 作業主任者

労働安全衛生法第十四条は，労働災害を防止するための管理を必要とする一定の作業については，免許を受けた者や技能講習を修了した者のうちから，当該作業の区分に応じて，作業主任者を選任し，当該作業の指揮や法定の業務を

行わせることを定めています．これには，例えば，ボイラーの取扱いや有機溶剤の取扱いなどの作業が定められています．

（7） 場内に下請者がいる現場の管理体制

建設現場や造船業の場内に下請者がいる現場では，統括安全衛生責任者（労働安全衛生法第十五条），元方安全衛生管理者（同法第十五条の二），店社安全衛生管理者（同法第十五条の三），安全衛生責任者（同法第十六条）を労働者の人数に応じて選任することが定められています．

（8） 安全衛生委員会と安全委員会・衛生委員会

労働安全衛生法第十九条では，一定の業種及び規模の事業場ごとに，安全委員会（同法第十七条）及び衛生委員会（同法第十八条）を設置しなければならないときは，それぞれの委員会に代えて安全衛生委員会を設置することができると定められています．安全衛生委員会は，労働者と使用者，産業医からなる委員で構成され，法定の事項を調査・審議します．

安全委員会や衛生委員会の設置義務がない，労働者が常時50人未満の規模の事業場（安全委員会については業種によっては100人未満）の場合は委員会の設置は不要ですが，労働安全衛生規則（第23条の二）に基づき，労働者の意見を聴くための機会として，例えば，安全衛生推進者，衛生推進者を中心にした何らかの会合を設けることがよいでしょう．

第3章　リスクアセスメント

　リスクアセスメントは労働安全衛生管理のツールの一つとして重要なものです．私たちは，生活，仕事，レジャーなどすべての時間帯において未来を知ることはできません．しかし，どんなことが起こり得るのか予測することはできます．業務上においてどんな危険が起こり得るのか予測すれば，次の行動としてそれにどう対処すべきか考えることにつながります．当然のこととして，対策をとるかとらないか，とるならば費用をどのくらいかけるのかなどは組織が決めることです．

　ISO 45001には"リスクアセスメント"（risk assessment）という言葉は出てこず，"リスクを評価"（assessment of risk）するという表現になっています．リスクアセスメントという表現だと特定の手法を要求していると理解されてしまうことを避け，"中小企業に配慮して，方法は問わないがリスクを評価しなければならない"という規定になっています．その意図は"リスクを評価する方法は組織に委ねる"ということです．さらに，ISO 45001には，"OH&Sリスク"と"OH&SMSに対するその他のリスク"という2種類のリスクがあります．以降，第3章で扱うリスクは前者の"OH&Sリスク"です．

3.1　リスクとリスクアセスメントの概念

　リスクは，ISO/IEC Guide 51とISO 12100（JIS B 9700）では，"危害（harm）の発生確率（probability of occurrence）と危害の度合い（severity）の組合せ"と定義されています．

　"リスクアセスメント"は，何が危険なのか，どの程度危険なのかを評価し

て，その度合いであるリスクレベルを下げて容認できるレベルにまでする活動全体のことをいいます．この世の中に絶対安全であるという世界はありません．私たちは，どこにいようが必ず何らかの危険と一緒に住んでいます．

リスクアセスメントを理解し，実施するにあたっては，従来，我が国に希薄だった"リスクの概念"について，しっかりと認識しておくことが重要です．図3.1は，リスクアセスメントを実施するときに問題になる"許容可能なリスク"について説明をしています．

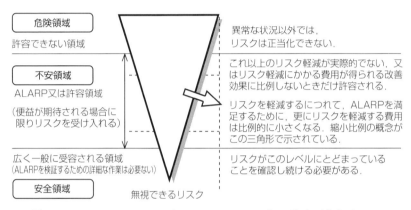

図 3.1 IEC 61508-5:2010（JIS C 0508-5:1999）の許容可能なリスク

IEC 61508-5:2010（JIS C 0508-5:1999）は，リスクを危険領域，不安領域，安全領域の三つの領域に分けて説明しています．

"危険領域"とは，あまりにリスクが大きく異常な事情がない限り認められない領域です．"異常な事情"とは，通常でない状況であり，例えば，メンテナンスや段取り替えのような状況で通常装備されている安全カバーを外さざるを得ないような場合をいいます．

"不安領域"とは，許容可能なリスク又は条件付きで許容可能なリスクの領域です．

最後の"安全領域"とは，リスクが取るに足りない小さなもので，"社会のだれもが容認するリスク"の領域です．

しかし，多くの人が疑問をもつように"受け入れられるリスク"や"容認するリスク"という表現は曖昧であり，置かれた状況によってその判断基準は変化する性質をもっています．このため，リスクアセスメントは有用なもので，その実施は必要とされるものですが，これを過信することには注意が必要です．リスクアセスメントを実施しても"絶対的な安全はない"ということを認識しておく必要があります．あえて言えば，この世の中に"安全という状態"はありません．常に危険という状態と隣り合わせにいることを意識しましょう（Q&A3 参照）．

3.2　リスクアセスメントの実施手順

社会で安全が強く意識されている場所は工場です．工場には，人，機械，材料が存在し，これらの資源を活用して生産活動を行っていますので，工場における危険もその中に潜んでいると考えられます．工場を対象に行うリスクアセスメントには3種類の資源に呼応して，"作業のリスクアセスメント""機械のリスクアセスメント""化学物質のリスクアセスメント"が考えられています．ここでは，実施すべき三つのリスクアセスメントのうち，機械のリスクアセスメントについて，図1.2（13ページ参照）に基づき，ISO/IEC Guide 51:2014（JIS Z 8051:2015）で推奨されている手順を簡単に説明します．

＊　　　＊　　　＊

事前準備

リスクアセスメントを実施する前に次の（1）〜（3）の3項目を準備します．

（1）　リスクアセスメント実施計画の作成
① 経営者は，関係者合意のもと，特に労働者の協議と参加を得たうえで実施計画を作成します．
② 実施にあたっては，役割分担を明確にし，必要な訓練を実施します．特

に，職場のリスクアセスメントを推進する職場リーダーの役割分担は重要です．
③ いつ（When），だれが（Who），何のために（Why）リスクアセスメントを実施するのかを決めます．
④ 最初に実施した後も，次のような変化時点において，定期的に行うことが必要です．
 ・新たな製品・技術・設備・機械類の導入のとき，大幅な人員の入替えや組織変更の時点，大幅な作業方法・工程変更などの時点
 ・年1回などの定期的な見直し

(2) 実施方法の決定
① 組織の長が労働者の協議と参加のもと次のことを決めます．
 ・対象とする職場又は工程
 ・"工程フローや作業手順に沿って実施するのか"又は"エリア（場所）ごとに実施するのか"
  機械設備が固定して存在する職場では，エリアごとに実施するほうがやりやすいでしょう．一方，工程作業分析が実施され，その結果が蓄積されている職場では，作業手順に沿って実施したほうが効率的です．また，作業場所が固定化されていない場合，例えば，メンテナンスや保全，工事作業の場合も作業手順に沿って実施することが効率的です．
② リスクアセスメント実施メンバーには，現場作業の実態を知っている者を必ず1人は加えます．特に，危険源の同定は"起こるかもしれないことを同定する"ことが重要ですので，現場経験者の参加が必須です．現場経験者は，作業中に実際に起こっていること，起こりそうなことを知っているからです．可能ならば，対象となる作業をしている現役作業者を参画させることがよいでしょう．
③ どこを（Where），何を（What），どのようにして（How）リスクアセスメントするのかを決めます．

3.2 リスクアセスメントの実施手順

(3) 必要情報の収集

① リスクアセスメントを効率よく実施するためには，事前に当該作業に関係する情報を収集することが重要です．以下に，その例を示します．

② ISO 12100:2010 (JIS B 9700:2013) の例

リスクアセスメントを効率よく，かつ，漏れなく実施するためには次のような情報を準備することとしています．

---

a) 機械操作に関する事項
 1) 作業者の概要（経験年数，年齢，性別，利き手など）
 2) 機械の仕様
  i) 機械の経歴（職場に導入されて何年になるかなど）
  ii) 機械の図面類
  iii) 動力源及びそれらの供給方法
 3) 類似する機械の図面など
 4) 機械使用上の留意事項
b) 法規制及び他の適用可能な文書に関連する事項
 1) 法規制
 2) 関連する規格
 3) 関連する技術仕様
 4) 安全データシート
c) 機械の使用履歴に関する事項
 1) 機械が今まで起こした事故 (accident)，インシデント (incident)，又は機能不良
 2) 騒音，振動，粉じん，放射などの放出物，使用されている化学物質，又はその機械で加工する材料による健康障害
 3) 類似機械の使用者の経験，今後使用する可能性のある人との情報交換
d) 人間工学の原則

手順1　使用者，意図する使用及び合理的に予見可能な誤使用の同定

　リスクアセスメントの最初の手順は，機械を使用するすべての状況（合理的で想定が可能なもの）を明らかにすることです．ここで"使用"とは，一般的にいう生産目的での利用に限らず，機械の設置・調整や清掃・メンテナンス，解体作業なども含まれます．これを機械の"使用上の制限"といい，機械の仕様や設置状況はどのようなもので，どのような人が，どのような状態で機械とかかわりあいをもつかを明確にします．機械類による災害は，機械の動く領域と人の作業領域の重なり合う危険領域で発生します．すなわち，機械類という危険源に人が晒されることによってリスクが発生し，災害につながるわけです．リスクアセスメントの最初の手順として，危険源である機械類がどのような機能をもち，どのように作業者に使用されるか，又は誤使用されるのかを明確にしておく必要があります．

　ISO/IEC Guide 51 では"使用者，意図する使用及び合理的に予見可能な誤使用の同定"としていますが，ISO 12100:2010（JIS B 9700:2013）では，"機械類の制限の決定"としており，その項目の中で考慮すべき事項として次のことをあげています．

（1）　使用上の制限
　使用及び誤使用の可能性を考える．

a) 機械を使用している間に起こる（機能不良によって必要とされる人の介入を含め）さまざまな機械の運転モード
b) 人の機械類の使用におけるいろいろな条件（年齢，性別，利き手の使用方法，視覚又は聴覚の減退，体型，体力など
c) 使用者の訓練，経験又は能力の想定レベル
   1) オペレータ
   2) 保全要員又は技術者
   3) 見習い及び初心者
   4) 一般の人
d) 第三者への予見可能な危害
   1) 隣設する機械類のオペレータ
   2) 管理スタッフ
   3) 訪問者又は子供を含む一般の人

(2) 空間上の制限

a) 機械の可動範囲
b) 人の稼働範囲
c) "オペレータ―機械"間のインタフェース
d) "機械―動力源"間のインタフェース

(3) 時間上の制限

a) 機械類及び／又はそのコンポーネント（例えば，工具，消耗部品，電気コンポーネント）の寿命
b) 推奨点検修理間隔

(4) その他の制限

a) 加工材料の特性
b) 要求される清掃レベル

c) 推奨最低及び最高温度，室内又は室外，乾燥又は多湿での運転可能性，直射日光下，ほこり及び湿気への耐性など

(5) 合理的に予見可能な誤使用

いわゆる"不安全行動"と呼ばれるものです．
a) 機械の使用中に，機能不良，事故又は故障が生じたときの人の反射的な行動
b) 集中力の欠如又は不注意から生じる正しくない人の行動
c) 作業遂行中，最小経路（省略行動，近道反応等）をとろうとする行動
d) 機械の運転を止めないで機械の運転を継続させようとする手出し行動
e) 子ども又は身体の不自由な人がとる行動

このような"不安全行動"を前提としたリスクアセスメントの実施が重要です．

手順2　ハザード（危険源）の同定

(1) ハザード（危険源）の定義

ハザード（危険源）（hazard）は，ISO/IEC Guide 51 では，"危害の潜在的な源（potential source of harm）"と定義しています．つまり，労働安全衛生に限れば，ハザード（危険源）は傷害又は健康障害を引き起こす潜在的な源であり，人との関係において危険状態（hazardous situation）を生じ，リスクを発生させるものです．

リスクの存在する状況において安全対策が不足していたり，不適切であったり，又は壊れていたりすると，危険事象（hazardous event）となり，危険事象を回避できないときには傷害又は健康障害を引き起こす（災害発生）ことになります．一方，回避できれば，ヒヤリハットやニアミスとなります．このプロセスを図3.2に示します．

3.2 リスクアセスメントの実施手順　　59

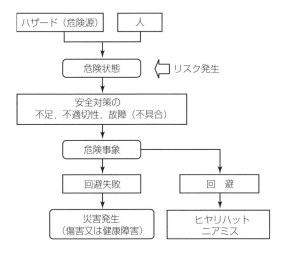

図 3.2 ハザード（危険源）から災害発生へのプロセス

　リスクアセスメントにおいて最も重要な作業である"ハザード（危険源）の同定"は，図 3.2 のハザード（危険源），危険状態及び危険事象［三つを総称して広義のハザード（危険源）］を同定することです．しかし，ハザード（危険源）は個々の機械や作業によって異なって存在し，決して一様ではないので，個々の事象を確実に把握して同定する必要があります．すべてのハザード（危険源），危険状態及び危険事象を同定することは，非常に難しいことです．机上の書類や議論だけでは気づかないことが多いものです．現場で実際に確認してみたり，機械を使用している作業者の意見を聞いたりして，妥当性確認をすることが極めて重要です．そのため，できる限り体系的で網羅的，論理的なアプローチによりハザード（危険源）の同定を実施することが必要です．よく用いられる方法に，一般的なハザード（危険源）を例示して，それをチェックリストとして活用して実際の場面でのハザード（危険源）をみつける"ハザード（危険源）リストを用いたハザード（危険源）の同定"があります．

(2) 危険源リストによる危険源の同定

　危険源の例としては，ISO 12100（JIS B 9700）の附属書 B（危険源，危

険状態及び危険事象の例）などがあるので参照するとよいでしょう．

上記リストを参考に，組織の事業場，組織の職場に適した独自の危険源リストを準備すると効率的に，かつ，漏れなく関連する危険源の洗い出しができるようになります．

危険源リストによる危険源の同定の手順は，図3.3に示すように，危険源リストに例示される"一般的な危険源"の中から，当該機械に"関連する危険源"を同定し，その中でも特に，リスクを除去又は低減する必要があり，かつ重要と考えられる危険源（"重要な危険源"という）についてリスクアセスメントを実施することがよいとされています．

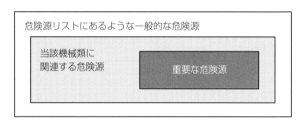

図3.3 危険源リストを用いた危険源の同定

(3) 職場での危険源を同定する具体的な手順

① 検討単位の決定

事前準備で決めた"対象とする設備・作業"に対して，工程又は作業現場エリアを検討するに可能な程度（実施者全員の共通理解が得やすい）に細分化し，"検討単位"を決定します．

② 危険源の同定（ここでは危険状態，危険事象は含まない）

"検討単位"ごとに，この設備・作業では，どのような危険源が存在するか，危険源リストを活用して，同定します．

　　例：大きなエネルギーをもつ可動機械類，高所作業（位置のエネルギー），各種化学物質，電気，空気，蒸気等の使用動力源のエネルギーの大きさ，扱う物質が保有するエネルギー又は有害性等に着目して同定

③ リスクに晒される人の同定

対象作業エリアに立ち入るすべての人を対象とします．
例：定常的な作業にかかわる作業者，補助的作業にかかわる作業者（保全作業者，清掃作業者等），請負業者，その他一時的に立ち入る者（技術者・管理者，事務員，実習生，見学者等）

④ リスクに晒される人の行動パターンの同定：危険状態，危険事象の同定

図 3.2 のフローに沿って，②どの危険源に，③どのような人が，どのような作業形態の際に，どのような行動をとることにより，どのような危険状態となり，その際，どのような安全対策の不足・不適切・不具合があり，危険事象となるかを同定します．

事故の型は，次に示すような分類を参照にします．

"墜落・転落" "転倒" "激突" "飛来・落下" "崩壊・倒壊" "激突され" "はさまれ・巻き込まれ" "切れ・こすれ" "踏み抜き" "おぼれ" "高温・低温物との接触" "有害物等との接触" "感電" "爆発" "破裂" "火災" "交通事故（道路）" "交通事故（その他）" "動作の反動・無理な動作" "その他"

(4) "危険源の同定" を行ううえでのポイント

① 検討しやすい単位に工程や作業現場エリアを細分化します．
② すべての作業形態を体系的にチェックします．

定常作業（頻度の少ないものも含める），非定常作業，段取替え作業，トラブル処理作業，保全作業，清掃作業などを考慮します．特に，操業の開始時と停止時，品質不良・設備故障などによる作業中断時と再開時，段取替え作業終了後の操業開始時，工程変更時，緊急事態発生時などに注目します．製品の抜取チェックや荷物の積卸し時などにも注意をします．

③ 合理的に予見可能な誤使用を考慮します．

予測される "不安全行動" は起こり得ることを前提とします．作業手順どおりにやらない，決められたことを守らない可能性について同定します．

現場で実際に起こるかもしれないあらゆることを同定します．合理的に予見可能な誤使用は大きなリスクを伴うものです．
④ 実作業をしている作業者の本音の意見を引き出します．
　リスクアセスメント実施時のリーダーは作業者への問いかけにより，現場で実際に行われるおそれがある"合理的に予見可能な誤使用＝不安全行動"に関する意見を引き出します．例えば，表3.1のチェックポイント表などを活用しての問いかけは有効です．職場に適した具体的な内容のチェックリストを作っておくと便利です．
⑤ リスク低減対策のことをあまり考えすぎないようにします．
　対策を気にしすぎると意見が出てこなくなります．

表3.1　作業者への問いかけチェックポイント表

No.	問いかけチェックポイント
1	作業者が面倒がって（楽をしようと）××すると（しないと）……
2	作業者が，この場合は（この程度は）××しても（しなくても）大丈夫と考えると……
3	作業者が早くやろうと（遅くやろうと）して××すると（しないと）……
4	作業者が軽い気持ちでちょっと××すると（しないと）……
5	作業者がとっさに（反射的に）××すると……
6	作業者が禁止されている○○を例外的に行うと（行わないと）……
7	作業者が○○を直そうとすると（しないと）……
8	作業者が○○をチェックしようとして××すると……
9	作業者が必要だと思って作業手順にない（ある）○○をすると（しないと）……
10	○○設備が急に××すると（しないと）……
11	現場の△△××のような整理整頓ができていないと……
12	××のヒヤリハットの事例をヒントにすると……
13	積み上げてある（並んでいる）○○が××すると……
⋮	＜職場の内容に対応して追加する＞

手順3　リスク見積り
"リスク見積り"とは，危険源に対して決定されたリスクの内容を検討して，リスクが大きいか小さいかの度合いを見積もることです．

（1）　リスクの定義
リスクは次のように定義されています．
ISO/IEC Guide 51 と ISO 12100 では，"危害（harm）の発生確率（probability of occurrence）と危害の度合い（severity）の組合せ"です．
このリスクの定義を JIS B 9700 では，図3.4のように示しています．

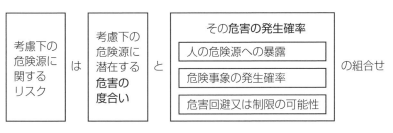

図3.4　リスクの定義

（2）　見積りの仕方
リスク見積りをする場合，既存の設備に関する作業にはすでにある安全対策が有効であることを前提にリスク見積りをします．新たに導入される設備に関する作業には導入時に提案される安全対策が実施されることを前提にリスク見積りをします．
　① 危害の発生確率
　　　"人の危険源への暴露""危険事象の発生確率""危害回避又は制限の可能性"の3要素に分けて確率を見積ります．
　② 危害の度合い
　　　危害の度合いは，"危険源のエネルギーの大きさ（機械の運動・位置・蓄積，電気，熱，光，電磁波，化学反応などのエネルギー）"により決

まってきます．危害の度合いを軽度のものから最も重い傷害まで何段かに分けて見積りをします．

手順4　リスクの評価

"リスクの評価"とは，リスクを見積った結果のリスクレベルが許容可能なレベルであるか否か，また許容できない場合，それはどの程度の重大さがあるのかを判断することをいいます．

"許容可能なリスク"は，本書の"3.1　リスクの概念"で述べたように，さまざまな影響要素のバランスで決まるものです．社会の価値観，技術の進歩などにより変化するものであり，恒常的なものでないため，条件の異なる業種すべての許容可能なリスクレベルを一律に規定することはできません．各事業場における許容可能なリスクについては，事業場内で十分に議論し，決定する必要があります．

許容可能なリスクレベル以上のものを"特定された重大なリスク"としてリスク低減対策の検討対象とします．"特定された重大なリスク"の中には，技術的，経済的等の理由から設備対策を実施できず，人に頼った対策にならざるを得ないものもあります．改善するものと維持管理するものに区分し，リスクを管理していく必要があります．

手順5　リスク低減対策

（1）　リスク低減対策の検討の処置原則

図3.1（52ページ参照）における"社会のだれもが容認するリスク"以外は，許容可能なリスクを含め，すべてリスク低減対策を検討することが原則です．しかし，経済的にまた時間的にも組織の限度があるため，組織としてリスクレベルごとにどのような対応処置をとるかのルールを決めておく必要があります．

表3.2に，リスクレベルに基づく処置原則の事例を示します．

表 3.2　リスクレベルに基づく処置原則の事例

リスクレベル	処置とタイムスケール
些　細	処置は不要．リスクアセスメントの実施記録の保管も不要
許容可能	追加的管理不要．より費用対効果の優れた解決策，又は追加の費用負担の不要な改善について検討してもよい．管理を確実に維持するために監視が必要
中程度	リスクを低減するために，努力することが望ましいが，防止の費用は注意深く見積もり，制限することが望ましい．リスク低減措置を定められた期間内に実行することが望ましい．中程度のリスクが極めて有害な結果と関連している場合，改善された管理手段のニーズ判定のための基礎として，危害の可能性をさらに厳密に確立するために，追加のアセスメントが必要な場合がある．
重　大	重大なリスクが低減されるまで，業務を開始することは望ましくない．リスクを低減させるために，かなりの経営資源を投入しなければならない場合がある．進行中の業務がリスクに関与している場合，緊急処置を講じることが望ましい．
耐えられない	リスクが低減されるまでは，業務を開始することも，継続することも望ましくない．十分な経営資源を用いてもリスクを低減することが不可能な場合，業務の禁止を継続しなければならない．

(2)　リスク低減対策の具体的な検討

　リスク低減対策を検討する際は，考えられる対策をできるだけ多く洗い出し，その後に総合的な検討を行い，最善の低減対策を選定します．

　対策検討は，表 3.3 に示す安全性の高い設備対策をまず A → B → C の順に検討し，次に，A, B, C の対策が不可能であったりする場合は，D, E, F, G の対策を検討することが原則です．

表3.3 リスク低減対策の種類と内容

対策		種類	内容例
設備対策	A	本質的安全設計	安全な形状・強度，エネルギーの制限，安全距離・安全すき間の確保，人間工学原則の順守，自動化等による暴露機会の制限，安全な接近手段（適切な足場・手すりなどの確保）
	B	安全防護物	ガード（安全柵，カバー，覆いなど），物の飛来・落下防止又は人の落下防止ネット 安全装置によるインターロック
	C	追加の防護対策	非常停止装置の設置，エネルギー遮断
人に頼った対策	D	使用上の情報	危険状態の警告・表示・標識 安全作業標準書，取扱説明書で警告・表示
	E	保護具・ジグ	保護帽・保護メガネ着用，安全帯着用 ジグ使用による間接接触
	F	作業許可システム	高リスク作業には許可された資格者が従事
	G	教育訓練	作業手順書の周知徹底，危険感受性向上訓練

(3) リスク低減対策の優先順と実施計画

リスク低減対策の優先順は，表3.3のA→Gであることを忘れないようにしなければなりません．すべてのリスクに対し，直ちに許容可能なリスクになるようリスク低減対策を実施することが原則です．しかし，現実的には，時間的にも，技術的にも困難なものもあり，また，リスク低減に使用できる経営資源にも限りがあります．リスク低減対策の実施にあたっては，リスクレベルの高さ，技術的実現性，効果性（費用対リスク低減効果）などから判断して優先順位付けを行い，それを参考に実施計画を立てて着実に，かつ，計画的に実施

することが大切です．

(4) リスク低減対策の妥当性の見直し

図1.2（13ページ参照）に示すリスクアセスメント及びリスク低減の反復プロセスを終了させるか否かの判断は非常に重要です．単にリスク値が低減できたか否かの判断だけでなく，表3.4に示すような判断基準（リスク低減目標）を使い，あらゆる観点から，実施することが決定した低減対策の実施により，本当にリスクが適切に低減されるかを見直す必要があります．

＊　　　＊　　　＊

リスクが適切に"社会のだれもが容認するリスク"にまで低減できたと確信できたならば，リスクアセスメントはこれで終了です．

表3.4　リスクが適切に低減されたことの判断基準

1	すべての運転条件，すべての介入手順のリスクを配慮しているか．
2	同定された危険源，危険状態及び危険事象で生じるリスクは，次によりすべて除去又は許容可能なレベルに低減されたか． ・設計による，又は危険性の少ない材料及び物質の選択による． ・安全防護による．
3	実績のある同類の機械類又は作業のリスクと比較して，遜色のない結果であるか．
4	専門／工業分野の使用のために設計された機械が，非専門／非工業の分野で使用されるときのことを，十分配慮しているか．
5	採用される安全対策で，新しく予期せぬ危険源が生じていないか．
6	採用される安全対策で，業務遂行への妨害はないか． ・オペレータの作業条件及び機械の使用性が悪くなっていない． ・機械の機能を過度に低減していない．
7	採用される安全防護は，安全な（適切な）使用状態を保証できるか． ・無効化又は不使用の可能性 ・そのときの危害の度合い

表 3.4 （続き）

8	使用上の情報は十分，かつ明確になっているか． ・操作手順は作業者又は危険源に暴露するその他の人の技量と調和している． ・安全作業慣行及び関連する訓練の要求事項は適切である． ・保護具が必要な場合，その必要性とその使用訓練の要求事項は適切である． ・ライフサイクル各局面の残留リスクを十分に通知し，かつ，警告している．
9	追加の安全対策は十分であるか．
10	採用される安全対策は互いに両立しているか．
11	採用される安全対策は使いやすく，かつ，安価か． ・これ以上，よりシンプル又はより使いやすく，かつ，より低い製造・運転・分解のコストで得られる対策はない．

3.3 文 書 化

リスクアセスメントの結果の文書（記録）は，労働者全員に情報提供する必要があります．記録を提供することにより，職場のあらゆるリスクを認識させることができ，災害防止に役立てるとともに，利害関係者の意見・見解を聞き出すことができます．文書化の目的は次のようなものです．

① 公的機関などから機械の安全性をどのように確保しているか報告することを要求されたときに，リスクアセスメントを正しく実施し，安全な機械作業であるという事実を第三者に証明する場合に必要な裏付けを残すため

② 機械自体への対策でリスク低減できなかった残存リスクを明確にし，使用者へ使用上の情報として的確に伝え，警告するため

③ 今後のリスクアセスメント実施に際して参考にするなど，ノウハウを蓄積するため

記録する項目は以下の例を参考にします．リスクアセスメント実施時の資料が使えます．資料の項目に載らなかった事項や，機械の図面や仕様書等については別紙で添付します．

3.3 文書化

〈記録する項目の例〉

1. リスクアセスメント実施日（期間），実施責任者，実施担当者
2. 機械の名称，型式（機械を特定できるもの）
3. 機械の機能及び構造上の特徴
    ① 機械の機能仕様
    ② 機械に対する安全性要求仕様
    ③ 機械の設計仕様（想定した負荷や強度，安全係数などを含む）
    ④ 取扱説明書に記載されている機械の使用方法
    ⑤ 合理的に予見できる誤使用
    ⑥ 機械のライフサイクル段階
       注　機械のライフサイクルとは：機械の 1) 製造・改造，2) 運搬・流通，3) 組立・設置，4) 調整・試運転，5) 使用（運転操作，設定変更・工程の切替え，清掃・補給，トラブルシュート，検査・保全），6) 解体・廃棄（設備の撤去）に至るすべての局面をいう．
4. 機械の使用状況の想定と危険源・危険状態の分析結果
    ① 機械の使用状況の想定（人，作業）
    ② 同定した危険源・危険状態
5. リスクの見積りとリスクの評価結果
    ① リスクの見積り・評価・再見積り・再評価の結果
    ② 判断の根拠に使用した基準類，規格類，データ，データソース
    ③ 使用したデータの信頼性を保証するもの
6. 採用した安全対策（リスク低減対策）
    ① 同定した危険源に対して実施したリスクの除去又は低減対策
    ② 残存リスクの内容（使用上の情報）と，その使用者への周知内容及び方法
    ③ 残存リスク対策の実施内容等

7. 最終判定
   ① 許容可能か否かの最終的な判定結果

文書化（記録）の目的

①安全性の第三者への証明
②残存リスクの明確化と情報伝達
③ノウハウの蓄積

第4章 労働安全衛生マネジメントシステムの認定・認証制度

　ISO マネジメントシステムの認証制度は，"組織―認証機関―認定機関"という構造からなる認定・認証制度をもっており，認証機関は組織が認証基準に合致しているかどうかを審査・判定・登録します．その際の認証基準は ISO マネジメントシステム規格です．品質マネジメントシステムの認証制度の基準規格として有名な ISO 9001 は，当初，購入者が供給者に要求する品質保証の規格でしたが，いくつかの経過をたどりながら品質マネジメントシステムの認証制度（審査登録制度）の基準規格となり，品質マネジメントシステムの認証制度が定着しました．同様に ISO 14001 も，環境マネジメントシステムの認証制度の基準規格として世界中に広まり，環境マネジメントシステムの認証制度が定着しました．労働安全衛生マネジメントシステムにおいても，ISO 規格化が進まない中で作成された OHSAS 18001 に基づく認証制度を経て，労働安全衛生マネジメントシステムの基準規格として策定された ISO 45001 に基づく認証制度が確立されました．

　この章では，労働安全衛生マネジメントシステムの認証制度について説明します．

4.1　認定・認証制度

　組織のマネジメントシステムの構築，維持の状況を，ある主題に基づいて審査するという社会的枠組みは，ISO 9000 から始まりました．ある規格が認証制度の基準になるということは，そこに規定されている主題が社会的に重要で，意義があることの証明です．

通常，社会的に，ある問題が継続的に発生すると，その問題が，製品品質問題であれ，環境問題であれ，その問題に関する審査のもつ役割と審査に対する期待が増加します．そして，その問題にかかわる利害関係者の多くが同意する中から，認証制度が発展していくと考えられます．労働安全衛生問題に関しても，製品品質問題，環境問題と同じようなプロセスが存在することを考慮すると，労働安全衛生マネジメントシステム認証制度の展開が理解しやすくなると思われます．OH&SMS 認証制度は，すでに確立している品質及び環境などの認証制度と同じように，次の四つを基本にした制度です．

① 民間主導の任意の制度である．
② ISO/CASCO が決めている要求事項（ISO/IEC 17021-1）に準拠している．
③ 認証機関用，要員認証機関用，審査員研修機関用の認定承認基準がある．
④ 認定機関は関係する機関（認証機関，要員認証機関）の認定承認を実施している．

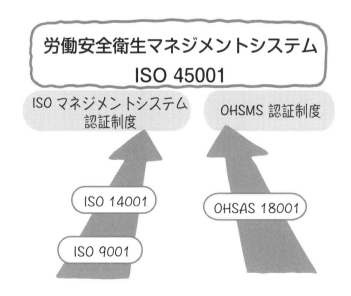

4.2 認定機関と認証機関の役割

ISO の認証制度は，4.1 節で述べているように，民間主導の任意の制度ではあるものの，ISO/CASCO が決めている要求事項（ISO/IEC 17021-1）に準拠している必要があることなど，ISO 規格の作成と同様に，国際的なルールに基づいた制度により運用されています．各国には制度を公平かつ円滑に運営するための認定機関が設立されており，日本では JAB がこれにあたります．

認定機関は，認証機関をはじめ，要員認証機関の認定，並びに認定した機関及び認証された組織の登録・公開を行います．

認定機関によって認定された認証機関は，組織の OH&SMS が，ISO 45001 などの規格に適合しているかどうかを審査し，適合していれば，その組織を認証し，社会的に公表する機関です．

4.3 審査員研修機関の役割

審査員研修機関は，OH&SMS 審査員に求められる多くの要素のうち，次のことを研修します．
① 労働安全衛生とは
② 労働安全衛生マネジメントシステムとは
③ 規格（ISO 45001）の要求事項の理解
④ 審査手順
⑤ 審査技術の修得
⑥ 受審組織とのコミュニケーション
⑦ 審査報告書の作り方（不適合の処置を含む）

以上のうち，①〜③は労働安全衛生に特有なものであり，④〜⑦は他のマネジメントシステムに共通なものです．なかでも特に重要なものは③と⑤です．

"③ 規格（ISO 45001）の要求事項の理解"では，次のことがポイントになります．

審査において，審査員は受審組織の OH&SMS と規格の要求事項が一致しているかどうか，すなわち適合しているかどうかを評価するわけです．この審査においては，規格の要求事項が評価の基準となります．審査員がこの基準を正しく理解していないと評価が適切に行われず，審査の信頼性を確保することができなくなります．

また，"⑤ 審査技術の修得"においては，次のことがポイントになります．

審査において最も重要なことは，事実を効率よく把握することです．そのためには，相手からできるだけ良質な情報を得られるよう，よいコミュニケーションを築くことが大切です．加えて審査員には，質問の仕方及び相手の答えの中から多くのことを察知するセンスなどが必要になります．

審査員を養成するという重要な業務は，だれもが実施できることではなく，ある一定の要件に合致した機関だけが実施すべきであるという考え方から，審査員研修機関の承認制度があります．

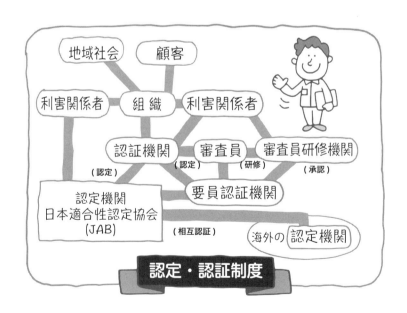

4.4 OHSAS 18001 の認証制度

　第1章のQ&A15で述べたような経緯でOH&SMSのISO規格化が見送られる中で策定されたコンソーシアム規格であるOHSAS 18001/18002を基準規格とする認証制度は，国際的に確立しているISOの既存のマネジメントシステム（品質や環境）の認証制度を準用する形で整備されましたが，認定の実施が世界の一部でしか行われませんでした．

　認証機関の認定については，JAS-ANZ（オーストラリア・ニュージーランド共同認定システム）が1998年，OH&SMS認証機関に対する認定を始めました．また，RvA（オランダの認定機関）も，2001年からOH&SMS認証機関の認定を開始しています．しかし，JABは品質と環境の認定審査のみで，OH&SMSの認定業務は行いませんでした．

　国内では，OHSAS 18001によるOH&SMSの認証が始まった当初，認証機関を認定する認定機関が国内にないことから，OHSAS 18001をそのまま審査基準として使っているところが多かったものの，認証機関によっては，OHSAS 18001を参考にした自主基準を規定し，審査を行っているところもあるなど，認証機関独自の枠組みでの認証制度にとどまっています．

　我が国では，ISO 45001が発行後の2018年3月現在，1 700以上の組織がOHSAS 18001に基づいて認証されています（表4.1参照）．

第4章 OH&SMS の認定・認証制度

表 4.1 マネジメントシステム認証機関における OHSAS 18001 認証組織件数

(JAB調べ，2018 年 3 月末現在)

マネジメントシステム認証機関名	OHSAS 18001
一般財団法人日本規格協会 審査登録事業部	21
日本検査キューエイ株式会社	56
日本化学キューエイ株式会社	59
一般財団法人日本ガス機器検査協会 QA センター	20
一般財団法人日本海事協会	14
高圧ガス保安協会 ISO 審査センター	23
一般財団法人日本科学技術連盟 ISO 審査登録センター	42
一般財団法人日本品質保証機構 マネジメントシステム部門	172
SGS ジャパン株式会社 認証サービス事業部	48
一般財団法人電気安全環境研究所 ISO 登録センター	10
一般社団法人日本能率協会 審査登録センター	18
一般財団法人建材試験センター ISO 審査本部	46
ロイド レジスター クオリティ アシュアランス リミテッド	75
一般財団法人日本建築センター システム審査部	7
DNV ビジネス・アシュアランス・ジャパン株式会社	41
株式会社日本環境認証機構	92
一般財団法人三重県環境保全事業団 国際規格審査登録センター	17
株式会社マネジメントシステム評価センター	192
ペリージョンソンレジストラー株式会社	64
一般財団法人ベターリビングシステム 審査登録センター	11
国際システム審査株式会社	75
エイエスアール株式会社	61
BSI グループジャパン株式会社	35
アイエムジェー審査登録センター株式会社	6
株式会社 ジェーイーヴァック	8
ビューローベリタスジャパン株式会社 システム認証事業本部	75
テュフ・ラインランド・ジャパン株式会社	7
北日本認証サービス株式会社	13
AUDIX Registrars 株式会社	19
インターテック・サーティフィケーション株式会社	226
認証組織数	1 553
JAB 非認定 認証機関（13 機関）	197
認証組織数総計	1 750

4.5　ISO 45001 の認証制度

ISO 45001 に基づく OH&SMS 認証制度は，4.1 節で述べた四つを基本にした制度です．

ISO 45001 を基準規格とする OH&SMS 認証制度は，すでに確立しているや環境などの認証制度と同じように運用され，国際的に確立している既存システム（品質や環境など）の準用や，ISO 45001 発行以前から運用されている OHSAS 18001 に基づく認証から，ISO 45001 に基づく認証への移行のガイドラインが整備・運用されています．

4.6　OHSAS 18001 から ISO 45001 への移行

OHSAS 18001 から ISO 45001 への移行については，IAF（International Accreditation Forum：国際認定フォーラム）からガイドが発表されています．

◆ OHSAS 18001 から ISO 45001 への移行ガイド

（抜粋．日本語訳は筆者による）

2.1　一般

OHSAS プロジェクトグループは，OHSAS 18001:2007 に代わるものとして ISO 45001:2018 を支持している．

したがって，ISO 45001:2018 への移行期間が終われば OHSAS 18001:2007 は廃止される．

このことは OHSAS プロジェクトグループから OHSAS 18001:2007 を使用している各国の国家標準化機関（NSB）と，その国の法的枠組みに OHSAS 18001:2007 を適用している法的規制機関に伝えられている．

国際認定フォーラム（IAF），OHSAS プロジェクトグループ，ISO 適合性評価委員会（CASCO）は，ISO 45001:2018 の発行日から 3 年間の移行期間に同意している．

IAF，OHSAS プロジェクトグループ，ISO/CASCO は，この移行プロセスについて，あらゆる必要な手段を用いて連携していく．

IAF，OHSAS プロジェクトグループ，ISO/CASCO の委員は，OHSAS 18001：2007 の認証をすでに取得している顧客に正しい情報を与え，新しい規格へ移行するよう勧めることができるように研修教材，啓蒙活動，オンラインセミナーを準備し，実施をしていく．

2.2　OHSAS 18001：2007 認証の有効性

OHSAS 18001：2007 認証は，ISO 45001：2018 の発行から，3 年後に失効する．

移行期間中に発行された OHSAS 18001：2007 に対する認証の満了日は，3 年間の移行期間の終了日と一致していなければならない．

3.1　OHSAS 18001：2007 を使用している組織

OHSAS 18001：2007 を使用している組織には，以下の措置をとることが推奨される．

①　ISO 45001：2018 を入手する．
②　OASAS 18001：2007 と ISO 45001：2018 のギャップ部分を特定する．
③　実行計画を作成する．
④　新たな能力を要求される事項がすべて満たされていることを確実にし，OH&SMS の有効性に影響を及ぼすすべての部署，関係者の認識を促す．
⑤　新たな要求事項を満たすために，既存の OH&SMS を最新のものにして，その有効性の検証を提示する．
⑥　該当する場合，移行準備については認証機関に連絡をとる．

第 5 章　ISO 45001:2018 について

　ISO 45001 は，ここまで説明してきたように，労働安全衛生マネジメントシステム（Occupational Health and Safety Management System）の国際規格です．この章では ISO 45001 の中身を規格の一部を引用しながら説明します．

　なお，本書では規格をすべて載せているわけではありませんので，正確な内容は，JIS 規格票（例えば，JIS Q 45001:2018）や"ISO 45001（JIS Q 45001）労働安全衛生マネジメントシステム―要求事項の解説"等（日本規格協会，2018）をご覧ください．

5.1　附属書 SL（共通テキスト）

　ISO 45001 の説明をする前に，ISO 規格作成に大きな影響を与える，附属書 SL について説明します．

　附属書 SL は，ISO マネジメントシステム規格の枠組みを規定するもので，2012 年 5 月以降，新たに ISO マネジメントシステム規格を作成したり改訂したりする場合には，附属書 SL を適用することが義務付けられています．ISO 45001 も附属書 SL に従って作成されています．附属書 SL に基づいた ISO マネジメントシステム規格は，すでに ISO 9001（品質）や ISO 14001（環境），ISO/IEC 27001（情報セキュリティ），ISO 22301（事業継続）など，多くの分野での規格が発行されています．

　先にあげたような複数の ISO マネジメントシステムを同時に運用する組織もあります．単一の組織が，複数の ISO マネジメントシステム規格に適合し

ようとするときに，それぞれの規格の要求事項や用語及び定義が異なっている，あるいは整合していない部分があると，誤解や混乱を招くおそれがありました．1987 年に ISO 9001，1996 年に ISO 14001 が制定されて以来，ISO はマネジメントシステム規格利用者の利便性を考慮して，ISO 9001 と ISO 14001 の整合性に関する検討を行ってきましたが，他分野での ISO マネジメントシステム規格がいくつも発行され，ISO 9001 と ISO 14001 の二つの規格間で整合性を確保するだけでは十分ではなくなってきたため，ISO は 2006 年に JTCG（Joint Technical Coordinating Group：合同技術調整グループ）という専門グループを設置し，分野横断的な ISO マネジメントシステム規格の整合化の検討を行ってきました．

JTCG の 5 年間にわたる検討の結果，すべての ISO マネジメントシステム規格に共通の構造，テキスト，用語及び定義が完成しました．これが "ISO/IEC 専門業務用指針の統合版 ISO 補足指針" の附属書 SL の Appendix 2（付表 2）"上位構造，共通の中核となるテキスト，共通用語及び中核となる定義" となりました．これを附属書 SL（別名 "共通テキスト"）といいます．

附属書 SL は，ISO 規格作成にかかわる専門家向けに作成された指針ですが，ISO マネジメントシステム規格に共通の要求事項が規定されているため，規格利用者にとっても知っておくとよいものです．附属書 SL に従って作成された，種類の異なる複数の ISO マネジメントシステム規格を単一の組織で適合させようとする際には，効率のよい運用を行うことができます．箇条の構成は次のようになっています．

序　文		
1　適用範囲	6	計　　画
2　引用規格	7	支　　援
3　用語及び定義	8	運　　用
4　組織の状況	9	パフォーマンス評価
5　リーダーシップ	10	改　　善

ただ，ISO 45001 では箇条 5 の表題が"リーダーシップ及び働く人の参加"に変更されています．

5.2　ISO 45001:2018 の各箇条の説明

ここからは ISO 45001 の各箇条を概説しますが，一つ理解をしておくことがあります．それは，Q&A2 で述べた二つのリスクの存在です．上述の附属書 SL との関係で 2 種類のリスクが存在することになりましたが，このことは規格の理解を複雑にしており，ISO 審議の中では日本は一貫して反対しました．しかし，多数決の結果，現在の ISO 45001 になっています．詳しくは，巻末の引用・参考文献に記載の"ISO 45001:2018（JIS Q 45001:2018）労働安全衛生マネジメントシステム―要求事項の解説"（日本規格協会，2018）を読んでほしいと思います．本書では二つのリスクの定義の掲載だけにとどめます．

3.20
リスク（risk）
　不確かさの影響．
　　注記 1　影響とは，期待されていることから，好ましい方向又は好ましくない方向にかい（乖）離することをいう．
　　注記 2　不確かさとは，事象，その結果又はその起こりやすさに関する，情報，理解又は知識に，たとえ部分的にでも不備がある状態をいう．
　　注記 3　リスクは，起こり得る"事象"（**JIS Q 0073**:2010 の **3.5.1.3** の定義を参照）及び"結果"（**JIS Q 0073**:2010 の **3.6.1.3** の定義を参照），又はこれらの組合せについて述べることによって，その特徴を示すことが多い．
　　注記 4　リスクは，ある事象（その周辺状況の変化を含む．）の結果とその発生の"起こりやすさ"（**JIS Q 0073**:2010 の **3.6.1.1**

> の定義を参照）との組合せとして表現されることが多い．
>
> 注記5　この規格では，"リスク及び機会"という用語を使用する場合は，労働安全衛生リスク，労働安全衛生機会，マネジメントシステムに対するその他のリスク及びその他の機会を意味する．
>
> 注記6　これは，**ISO/IEC**専門業務用指針第1部の統合版**ISO**補足指針の**附属書SL**に示された**ISO**マネジメントシステム規格に関する共通用語及び中核となる定義の一つである．注記5は，"リスク及び機会"という用語をこの規格内で明確に用いるために追加した．
>
> **3.21**
> **労働安全衛生リスク**（occupational health and safety risk）
> **OH&Sリスク**（OH&S risk）
> 　労働に関係する危険な事象又はばく露の起こりやすさと，その事象又はばく露によって生じ得る負傷及び疾病の重大性との組合せ．

1　適用範囲

ISO 45001の目的を次のように説明しています．

　"この規格は，労働安全衛生（OH&S）マネジメントシステムの要求事項について規定し，労働安全衛生パフォーマンスを積極的に向上させ，労働に関連する負傷及び疾病を防止することによって，組織が安全で健康的な職場を提供できるようにするために，利用の手引を記載している．"

2　引用規格

引用規格はありません．

3　用語及び定義

37 の用語が定義されています．

4　組織の状況

　この箇条は，OH&S マネジメントシステムを計画するにあたり，まずは組織が置かれている状況を理解し，組織の目的と整合したシステム構築，運用をより促進することを要求しています．

4.1　組織及びその状況の理解

　組織の目的に関連した OH&S マネジメントシステムの"意図した成果"を達成しようとする際に，組織の達成能力に影響を与える外部及び内部の課題を決定することを要求しています．

4.2　働く人及びその他の利害関係者のニーズ及び期待の理解

　組織の OH&S マネジメントシステムに関係する働く人と利害関係者を明確にし，その人たちがもつニーズ及び期待を決定します．また，その人たちがもつニーズ及び期待のうち，どれが法的要求事項か，及びその他の要求事項であるかを決定することを要求しています．

4.3　OH&S マネジメントシステムの適用範囲の決定

　組織に OH&S マネジメントシステムを適用する範囲を設定することを求めています．4.1 で明確になった外部及び内部の課題と，4.2 で決定された働く人及び関連する利害関係者からの要求事項，及び組織の活動に関連する作業を踏まえてマネジメントシステムの境界，適用可能性を決定しなければなりません．

　OH&S マネジメントシステムには，組織の管理下又は影響下にある労働安全衛生パフォーマンスに影響を与える活動，製品及びサービスを含むこととされています．

　また，この適用範囲は，文書化した情報として利用可能な状態にすることが

規定されています．

4.4 OH&S マネジメントシステム

この規格の要求事項に従って，必要なプロセス及びそれらの相互作用を含む，OH&S マネジメントシステムを確立し，実施し，維持し，かつ，継続的に改善することを要求しています．

5 リーダーシップ及び働く人の参加
5.1 リーダーシップ及びコミットメント

トップマネジメントが組織の中で直接関与し，主導しなければならない活動を規定しています．働く人の積極的な参加をトップマネジメントが主導することを明記しています．

また，組織の"事業プロセス"に OH&S マネジメントシステムの要求事項を統合すること，OH&S マネジメントシステムの"意図した成果"を達成することを要求しています．"事業プロセス"とは，組織の事業経営の活動を意味しています．

その他，トップマネジメントが直接関与し，主導する活動として次のことがあげられています．

1) 負傷や疾病を防止し，安全で健康的な職場と活動を提供する．
2) 組織の戦略的な方向性と両立した OH&S 方針，OH&S 目標を確立する．
3) OH&S マネジメントシステムに必要な資源を用意する．
4) OH&S マネジメントシステムへの適合の重要性を伝達する．
5) OH&S マネジメントシステムの有効性に寄与するよう人々を指揮し，支援する．
6) 継続的改善を推進する．
7) 管理層がリーダーシップをとるように支援する．
8) 組織に意図した成果の達成を支援する文化を形成して推進する．
9) 働く人がインシデント，危険源，リスクなどを報告しても，報復を受

けないようにする．
10) 働く人の協議及び参加のプロセスを確立し，実施する．
11) 安全衛生に関する委員会が機能するように支援する．

5.2　OH&S方針

トップマネジメントは，働く人と協議したうえでOH&S方針を決定し，実施し，維持します．次の項目が要求されています．
a) OH&S方針は次の内容を含んでいること．
　1) 負傷及び疾病を防止し，安全で健康的な労働条件の提供を確約し，組織の目的，規模，状況，OH&Sリスク及びOH&S機会などに適切である．
　2) OH&S目標設定の枠組みを示す．
　3) 法的要求事項，その他の要求事項を満たすことを確約している．
　4) 危険源を除去し，OH&Sリスクを低減することを確約している．
　5) OH&Sマネジメントシステムの継続的改善を確約している．
　6) 働く人との協議及び参加を確約している．
b) OH&S方針は次のようにすること．
　1) 文書化した情報として利用可能である．
　2) 組織内に伝達される．
　3) 利害関係者が入手可能である．
　4) 妥当かつ適切である．

5.3　組織の役割，責任及び権限

トップマネジメントはOH&Sマネジメントシステムに関連する役割に対して，責任及び権限を割り当て，それが組織内すべてに周知され，文書化した情報として維持されなければなりません．働く人は，各自がかかわる労働安全衛生に責任を負わなければなりません．
　トップマネジメントは次の事項に対して，責任及び権限を割り当てなければなりません．

a) OH&Sマネジメントシステムが，この規格の要求事項に適合する．
b) OH&Sマネジメントシステムのパフォーマンスをトップマネジメントに報告する．

5.4 働く人の協議及び参加

有効なOH&Sマネジメントシステムであるためには，組織は，働く人がOH&Sマネジメントシステムの開発から改善までにかかわるプロセスを確立する必要があります．組織は次のことを行わなければなりません．
a) 協議及び参加に必要な仕組み，時間，教育訓練及び資源を提供する．
b) 明確で理解しやすいOH&Sマネジメントシステム関連情報を利用できるようにする．
c) 参加の障害を取り除くか，最小化する．
d) 次の事項に対する非管理職との協議を強化する．
   1) 利害関係者のニーズ及び期待を決定する．
   2) OH&S方針を確立する．
   3) 組織上の役割，責任及び権限を適宜割り当てる．
   4) どのようにして法的要求事項及びその他の要求事項を満足するかを決める．
   5) OH&S目標を確立し，かつ，その達成を計画する．
   6) 外部委託，調達及び請負者の管理を決定する．
   7) モニタリング，測定及び評価を要する対象を決定する．
   8) 監査プログラムを計画し，確立し，実施し，かつ，維持する．
   9) 継続的改善を確立する．
e) 次の事項に対する非管理職の参加を強化する．
   1) 非管理職の協議及び参加のための仕組みを決定する．
   2) 危険源の特定並びにリスク及び機会の評価をする．
   3) 危険源を除去し，OH&Sリスクを低減するための取組みを決定する．
   4) 力量に関する要求事項及び教育訓練のニーズを特定し，教育訓練を

決定し,及び教育訓練を評価する.
5) コミュニケーションの必要がある情報及びコミュニケーションの方法を決定する.
6) 管理方法(8.1,8.1.3及び8.2)の効果的な実施を決定する.
7) インシデント及び不適合を調査し,是正処置を決定する.

6 計画
6.1 リスク及び機会への取組み
6.1.1 一般

OH&Sマネジメントシステムの計画を策定するとき,組織が4.1(状況)に規定する課題,並びに4.2(働く人及び利害関係者)及び4.3(OH&Sマネジメントシステムの適用範囲)に規定する要求事項を考慮し,次の項目のために取り組む必要がある"リスク及び機会"を決定することを規定しています.

a) OH&Sマネジメントシステムが,その"意図した成果"を達成できる.
b) 望ましくない影響を防止又は低減する.
c) 継続的改善を達成する.

また,取り組む必要のあるリスク及び機会を決定するときに次の項目を考慮することを要求しています.

a) 危険源及びOH&Sリスク並びにOH&S機会
b) 法的要求事項及びその他の要求事項

計画プロセスでは,OH&Sマネジメントシステムを変更することにより発生しうる"意図した成果"に影響するリスク及び機会を決定し,評価することを要求しています.計画的な変更の場合は,変更を実施する前にこの評価を行うことを要求しています.

計画したとおりに実施されたことが確信できるようにリスク及び機会,並びにそれらに取り組むために必要なプロセス及び処置について,文書化した情報を維持することを要求しています.

6.1.2 危険源の特定並びにリスク及び機会の評価
6.1.2.1 危険源の特定

組織が危険源を特定するためのプロセスを確立し，実施し，かつ，維持することを要求しています．プロセスには，次の項目を考慮すべきことが規定されています．

a) 作業編成，社会的要因（これには作業負荷，作業時間，虐待，ハラスメント及びいじめを含む），リーダーシップ及び組織の文化

b) 定常的及び非定常的な活動及び状況

   1) 職場のインフラストラクチャ，設備，材料，物質及び物理的条件

   2) 製品及びサービスの設計，研究，開発，試験，生産，組立，建設，サービス提供，保守又は廃棄

   3) 人的要因

   4) 実際の作業のやり方

c) 組織の内部及び外部で過去に起きたインシデント及びその原因

d) 緊急事態

e) 次の人々

   1) 従業員，請負者，訪問者，その他職場に出入りする人々

   2) 組織の活動によって影響を受け得る職場周辺の人々

   3) 組織が直接管理していない場所にいる働く人

f) 次のその他の課題

   1) 働く人のニーズ及び能力に合わせることへの配慮，作業領域，プロセス，据付，機械・機器，作業手順及び作業組織の設計

   2) 組織の管理下の職場周辺の状況

   3) 職場周辺で発生する組織管理外の状況

g) OH&Sマネジメントシステムの変更

h) 危険源に関する知識及び情報の変更

6.1.2.2 OH&S リスク及び OH&S マネジメントシステムに対するその他のリスクの評価

組織が次の項目のためのプロセスを確立し，実施し，かつ，維持することを要求しています．

a) 特定された危険源からの OH&S リスクを評価する．

b) OH&S マネジメントシステムに関係するリスクを決定し，評価する．

OH&S リスクを評価するための方法及び基準を決定し，体系的に使用することを要求しています．

これらの方法及び基準を文書化した情報として維持し，保持することを要求しています．

6.1.2.3 OH&S 機会及び OH&S マネジメントシステムに対するその他の機会の評価

組織が次の事項を評価するためのプロセスを確立し，実施し，かつ，維持することを要求しています．

a) OH&S パフォーマンス向上の機会
   1) 作業を働く人に合わせて調整する機会
   2) 危険源を除去し，OH&S リスクを低減する機会

b) OH&S マネジメントシステムを改善する機会

6.1.3 法的要求事項及びその他の要求事項の決定

組織が次の項目のためのプロセスを確立し，実施し，かつ，維持することを要求しています．

a) 最新の法的要求事項及び組織が同意するその他の要求事項を確定し，入手する．

b) これらの法的要求事項及びその他の要求事項の適用の方法，並びにコミュニケーションの必要があるものを決定する．

c) OH&S マネジメントシステムの構築，運用時にはこれらの法的要求事

項及びその他の要求事項を考慮に入れる．

この箇条の法的要求事項及びその他の要求事項に関しては，文書化した情報を維持し，保持することを要求しています．

また，文書化した情報はすべての変更が反映された最新の状態にしておかなければなりません．

6.1.4　取組みの計画策定

次の項目の計画作成を要求しています．
a)　決定したリスク及び機会への取組み
b)　法的要求事項及びその他の要求事項への取組み
c)　緊急事態への準備と対応

また，次の事項を行う方法についても計画作成を要求しています．
　1)　その取組みの事業プロセスへの統合
　2)　その取組みの有効性の評価

計画する際には，管理策の優先順位などを考慮に入れることを要求しています．

さらに計画するとき，模範事例，技術上の選択肢，財務上，運用上，事業上の要求事項を考慮することを要求しています．

6.2　OH&S 目標及びそれを達成するための計画策定

6.2.1　OH&S 目標

OH&S マネジメントシステムを維持し，改善し，OH&S パフォーマンスの継続的改善を達成するために，関連する部門及び階層において OH&S 目標を確立することを要求しています．

OH&S 目標は，次の項目を満たさなければなりません．
a)　OH&S 方針と整合している．
b)　測定可能である，又はパフォーマンス評価が可能である．
c)　適用すべき要求事項を考慮に入れている．
d)　リスク及び機会の評価結果を考慮に入れている．

e) 働く人との協議の結果を考慮に入れている．
f) モニタリングする．
g) 伝達する．
h) 必要に応じて，更新する．

6.2.2　OH&S 目標を達成するための計画策定

OH&S 目標をどのように達成するか，すなわち，だれが，いつ，何を行って，いつまでに達成するか，次の項目について実行計画を作成することを要求しています．

a) 実施事項
b) 必要な資源
c) 責任者
d) 達成期限
e) 結果の評価方法．これには，モニタリングのための指標を含む．
f) 取組みを組織の事業プロセスに統合する方法

この箇条の OH&S 目標及びそれらを達成するための計画に関して，文書化した情報として維持し，保持することを要求しています．

7　支援

7.1　資源

OH&S マネジメントシステムの確立，実施，維持及び継続的改善に必要な資源を決定し，提供することを要求しています．

7.2　力量

OH&S パフォーマンスに影響を与える組織の管理下にある業務を行うために働く人が必要とする力量について，次の項目を管理することを要求しています．

a) OH&S パフォーマンスに影響を与える働く人に必要な力量を決定する．
b) 教育，訓練又は経験に基づいて，働く人が力量を備えている．

c) 必要な力量を身に付け，維持するための処置をとる．また，とった処置の有効性を評価する．
d) 力量の証拠として，適切な文書化した情報を保持する．

7.3 認識
働く人に次の項目の OH&S パフォーマンスに関する認識をもたせることを要求しています．
a) OH&S 方針及び OH&S 目標
b) OH&S マネジメントシステムの便益と有効性に対する自らの貢献
c) OH&S マネジメントシステム要求事項に適合しないことの意味及び起こり得る結果
d) 働く人に関連するインシデント及びその調査結果
e) 働く人に関連する危険源，OH&S リスク及び決定された処置
f) 働く人は，生命又は健康に切迫して重大な危険があると考える労働状況から自ら逃れることができ，そのような行動をとったことに対して組織が不当なことをしない仕組み

7.4 コミュニケーション
7.4.1 一般
OH&S マネジメントシステムに関連する内部及び外部のコミュニケーションに必要なプロセスを確立し，実施し，維持することを要求しています．
a) コミュニケーションの内容
b) コミュニケーションの実施時期
c) コミュニケーションの対象者
   1) 組織内部の様々な階層及び部門
   2) 請負者及び職場の訪問者
   3) 他の利害関係者
d) コミュニケーションの方法

組織は，コミュニケーションの必要性を検討するにあたって，多様性の側面（例えば，性別，言語，文化，識字，障害）を考慮に入れることを要求しています．

コミュニケーションのプロセスを確立するにあたって，関係する外部の利害関係者の見解を考慮することを要求しています．

コミュニケーションのプロセスを確立するにあたって，次の項目を要求しています．

a) 法的要求事項及びその他の要求事項を考慮に入れる．
b) コミュニケーションされる労働安全衛生情報は，OH&Sマネジメントシステムの情報と整合し，信頼性がある．

OH&Sマネジメントシステムについて，必要なコミュニケーションをとることを要求しています．

必要に応じ，コミュニケーションの証拠として，文書化した情報を保持することを要求しています．

7.4.2 内部コミュニケーション

OH&Sマネジメントシステムに関連する内部コミュニケーションについて次の項目を要求しています．

a) OH&Sマネジメントシステムに関連する情報について，組織の様々な階層及び機能間で内部コミュニケーションを行う．
b) コミュニケーションプロセスが継続的改善に寄与できるようにする．

7.4.3 外部コミュニケーション

OH&Sマネジメントシステムに関連する情報について，外部コミュニケーションを行うことを要求しています．

7.5 文書化した情報

7.5.1 一般

OH&Sマネジメントシステムの有効性のために必要であると組織が決定した，次の文書化した情報を維持することを要求しています．

a) この規格が要求する文書化した情報

b) 組織が決定した，文書化した情報

7.5.2 作成及び更新

文書化した情報を作成及び更新する際，組織が行うことを次の項目で規定しています．

a) 適切な識別及び記述（例えば，タイトル，日付，作成者，参照番号）

b) 適切な形式（例えば，言語，ソフトウェアの版，図表）及び媒体（例えば，紙，電子媒体）

c) 適切性及び妥当性に関する，適切なレビュー及び承認

7.5.3 文書化した情報の管理

文書化した情報を適切に管理することが要求されています．

a) 文書化した情報が，必要なときに，必要なところで，入手可能，かつ，利用に適した状態である．

b) 文書化した情報が十分に保護されている（例えば，機密性の喪失，不適切な使用及び完全性の喪失からの保護）．

文書化した情報の管理を要求しています．

1) 配付，アクセス，検索及び利用

2) 読みやすさが保たれることを含む，保管及び保存

3) 変更の管理（例えば，版の管理）

4) 保持及び廃棄

外部からの文書化した情報は，必要に応じて，識別，管理することを要求しています．

8 運用
8.1 運用の計画及び管理
8.1.1 一般
OH&Sマネジメントシステムの要求を満足させるためのプロセス，及び6の取組計画のためのプロセスを計画し，実施し，かつ，管理することを要求しています．

a) プロセスに関する基準の設定

b) その基準に従った，プロセスの管理の実施

c) プロセスが計画どおりに実施された証拠に必要な程度の文書化した情報の維持及び保持

d) 働く人に合わせた作業の調整

複数の事業者が混在する職場では，関係するOH&Sマネジメントシステム部分を他の組織と調整することを要求しています．

8.1.2 危険源の除去及びOH&Sリスクの低減
次の優先順位に沿ってOH&Sリスクを低減するプロセスを設定し，管理策を決定することを規定しています．

a) 危険源を除去する．

b) 危険性の低い材料，プロセス，操作又は設備に切り替える．

c) 工学的に対応する．

d) 管理的に対応する．

e) 個人用保護具を使用する．

8.1.3 変更の管理
OH&Sパフォーマンスに影響を及ぼす変更の管理のためのプロセスを確立することを要求しています．

a) 次のものを含む変更

  1) 職場の場所，職場の周りの状況

2) 作業の構成

3) 労働条件

4) 設備

5) 労働力

b) 法的要求事項及びその他の要求事項の変更

c) 危険源及び関連する OH&S リスクに関する知識又は情報の変化

d) 知識及び技術の発達

意図しない変更によって生じた結果をレビューし，必要に応じて，有害な影響を軽減するための処置をとることを要求しています．

8.1.4 調達

8.1.4.1 一般

製品及びサービスの調達を管理するプロセスを確立し，実施し，かつ維持することを要求しています．

8.1.4.2 請負者

危険源を特定し，OH&S リスクを評価し，管理するための調達プロセスを請負者と調整することを要求しています．

a) 組織に影響を与える請負業者の活動及び業務

b) 請負者の働く人に影響を与える組織の活動及び業務

c) 職場のその他の利害関係者に影響を与える請負者の活動及び業務

組織の調達プロセスでは，請負者選定にかかわる労働安全衛生基準を定めて適用することを要求しています．

8.1.4.3 外部委託

外部委託した機能及びプロセスが管理されていること，法的要求事項及びその他の要求事項に整合していること，並びに労働安全衛生マネジメントシステムの意図した成果の達成に適切であることを要求しています．機能及びプロセ

スに適用される管理の方式及び程度は，労働安全衛生マネジメントシステムの中で定めることを要求しています．

8.2　緊急事態への準備及び対応
次の項目を含め，緊急事態への準備及び対応のために必要なプロセスの確立，実施，維持を要求しています．
- a) 応急処置を含めた緊急事態への計画的な対応を確立する．
- b) 計画的な対応に関する教育訓練を行う．
- c) 計画的な対応をする能力について，定期的にテスト及び訓練を行う．
- d) テスト後及び緊急事態発生後にパフォーマンスを評価し，必要に応じて計画的な対応を改訂する．
- e) 働く人の義務及び責任にかかわる情報を伝達し，提供する．
- f) 請負者，訪問者，緊急時対応サービス，政府機関，地域社会に対し，関連情報を伝達する．
- g) 利害関係者のニーズ及び能力を考慮に入れ，対応の策定にあたっては利害関係者の関与を確実なものにする．

この箇条の緊急事態への準備及び対応のプロセス及び計画に関して，文書化した情報の維持，保持を要求しています．

9　パフォーマンス評価
9.1　モニタリング，測定，分析及びパフォーマンス評価
9.1.1　一般
モニタリング，測定，分析及びパフォーマンス評価のプロセスの確立，実施，維持を要求しています．
- a) 次の事項を含めた，モニタリング及び測定が必要な対象
  1) 法的要求事項及びその他の要求事項の順守の程度
  2) 危険源，リスク及び機会にかかわる組織の活動及び運用
  3) 組織のOH&S目標達成に向けた進捗

4) 運用及びその他の管理策の有効性
b) モニタリング，測定，分析及びパフォーマンス評価の方法
c) OH&S パフォーマンスを評価するための基準
d) モニタリング及び測定の実施時期
e) モニタリング及び測定の結果の，分析，評価及びコミュニケーションの時期

OH&S パフォーマンスを評価し，OH&S マネジメントシステムの有効性を判断することを要求しています．

モニタリング及び測定機器は校正又は検証され，使用，維持されることを要求しています．

次のための文書化した情報を保持することを要求しています．

　　1) モニタリング，測定，分析及びパフォーマンス評価の結果の証拠
　　2) 測定機器の保守，校正又は検証の記録

9.1.2　順守評価

法的要求事項及びその他の要求事項への順守を評価するプロセスを確立し，実施し，かつ，維持することを要求しています．

a) 順守を評価する頻度及び方法を決定する．
b) 必要に応じて処置をとる．
c) 法的要求事項及びその他の要求事項の順守状況を知って理解している．
d) 順守評価の結果の文書化した情報を保持する．

9.2　内部監査

9.2.1　一般

OH&S マネジメントシステムが適合し，有効に実施され，維持されているか否かの情報を提供するために内部監査を実施することを要求しています．

a) 次の事項に適合している．
　　1) OH&S 方針，OH&S 目標，組織自体が規定した要求事項
　　2) この規格の要求事項

b) 有効に実施され，維持されている．

9.2.2 内部監査プログラム

次の内部監査プログラムの作成を要求しています．

a) 監査プログラムには，頻度，方法，責任，協議，計画要求事項，報告を含む．監査プログラムは，プロセスの重要性，前回までの監査の結果を考慮に入れる．
b) 監査基準及び監査範囲を明確にする．
c) 力量のある監査員を選定する．
d) 監査の結果を管理者に報告する．働く人及び他の利害関係者に関連する監査結果があれば報告する．
e) 不適合に取り組むための処置をとり，OH&S パフォーマンスを継続的に向上させる．
f) 監査プログラムの実施及び監査結果の証拠として，文書化した情報を保持する．

9.3 マネジメントレビュー

トップマネジメントに対して，組織の OH&S マネジメントシステムが引き続き，適切，妥当かつ有効であることを評価することを要求しています．

マネジメントレビューは，次の項目について行うことを要求しています．

a) 前回までのマネジメントレビューの結果とった処置の状況
b) 次の事項を含む外部及び内部の課題の変化
   1) 利害関係者のニーズ及び期待
   2) 法的要求事項及びその他の要求事項
   3) 組織のリスク及び機会
c) OH&S 方針及び OH&S 目標の達成度
d) 次の OH&S パフォーマンスに関する情報
   1) インシデント，不適合，是正処置及び継続的改善

2）モニタリング及び測定の結果
   3）法的要求事項及びその他の要求事項の順守評価の結果
   4）監査結果
   5）働く人の協議及び参加
   6）リスク及び機会
e）資源の妥当性
f）利害関係者との関連するコミュニケーション
g）継続的改善の機会

マネジメントレビューからのアウトプットには，次に関係する決定を含むことが要求されています．

   1）意図した成果を達成するためのOH&Sマネジメントシステムの継続的な適切性，妥当性及び有効性
   2）継続的改善の機会
   3）OH&Sマネジメントシステムの変更の必要性
   4）必要な資源
   5）もしあれば必要な処置
   6）OH&Sマネジメントシステムとその他の事業プロセスとの統合を改善する機会
   7）組織の戦略的方向に対する示唆

トップマネジメントは，マネジメントレビューの関連するアウトプットを，働く人に伝達しなければなりません．

マネジメントレビューの証拠として，文書化した情報を保持することを要求しています．

10　改善

10.1　一般

改善の機会を決定し，OH&Sマネジメントシステムの意図した成果を達成するために，必要な取組みを実施することを要求しています．

10.2　インシデント，不適合及び是正処置

報告，調査及び処置を含めた，インシデント及び不適合を管理するためのプロセスを確立し，実施し，かつ，維持することを要求しています．

インシデント又は不適合が発生した場合，次の項目を行うことを要求しています．

a)　インシデント又は不適合に遅滞なく対処し，次の項目を行う．
　　1)　インシデント又は不適合を管理し，修正するための処置をとる．
　　2)　インシデント又は不適合によって起こった結果に対処する．

b)　インシデント又は不適合が再発しないようにするため，働く人を参加させ，他の関係する利害関係者を関与させて，インシデント又は不適合の根本原因を除去する（是正処置）必要性を評価する．
　　1)　インシデントを調査し，又は不適合をレビューする．
　　2)　インシデント又は不適合の原因を究明する．
　　3)　類似のインシデントが起こっているか，不適合の有無，又はいずれかが発生する可能性を明確にする．

c)　必要に応じて，OH&S リスク及びその他のリスクの既存の評価をレビューする．

d)　管理策の優先順位及び変更の管理に従い，是正処置を含めた，必要な処置を決定し，実施する．

e)　変化した危険源が生じる可能性がある場合は，対策を実施する前にOH&S リスクの評価を行う．

f)　とったすべての処置の有効性をレビューする．

g)　OH&S マネジメントシステムの変更を行う．

是正処置は，検出されたインシデント又は不適合のもつ影響又は起こり得る影響に応じたものでなければなりません．

次の項目の証拠として，文書化した情報を保持していくことを要求しています．

　　1)　インシデント又は不適合の性質及びとった処置
　　2)　とった処置の有効性を含めたすべての対策及び是正処置の結果

改善に関して，文書化した情報を働く人，関係する利害関係者に伝達することを要求しています。

10.3 継続的改善

次の事項によって OH&S マネジメントシステムの適切性，妥当性及び有効性を継続的に改善することを要求しています。

a）OH&S パフォーマンスを向上させる．
b）OH&S マネジメントシステムを支援する文化を推進する．
c）OH&S マネジメントシステムの継続的改善の対策の実施への働く人の参加を推進する．
d）継続的改善の関連する結果を，働く人に伝達する．
e）継続的改善の証拠として，文書化した情報を維持し，保持する．

第6章 労働安全衛生の今後について

この章では"労働安全衛生の今後"を述べます．今後を展望するにあたって簡単に現状を分析し，その延長線上にあるものとして労働安全衛生の今後について述べることにします．

6.1 労働安全衛生の現状

我が国の最近の労働災害による死傷者は，死亡者が2006（平成18）年の1472人から減少を続け，2017（平成29）年には1000人を下回り978人になりました．労働災害による死亡者が減少した背景には，日本の経済が低調になり，多くの製造業が中国などに進出したことなど，必ずしも企業の努力によるものとはいえないものもあるでしょう．しかし産業界あげての労働災害撲滅活動の成果が表れたことも事実です．依然として978人もの尊い命が失われており，今後とも労働災害を減らす努力を続けていくことが大切です．

死亡者が1000人を下回ったとはいえ，休業4日以上の死傷者については，2006（平成18）年の121 378人が，2009（平成21）年には105 718人まで減少しましたが，以降は2011（平成23）年117 958人から2017（平成29）年の120 460人と，年により増減はありますが，毎年12万人近くが死傷しています．また年間被災労働者数（労災保険新規受給者数）は，2003（平成15）年55万人でしたが，2017（平成29）年は62万人を超えています．重大災害（1度に3人以上が被災する災害）発生件数は，2006（平成18）年は318件，2009（平成21）年には228件まで減少しましたが，以降2010（平成22）年の245件から2015（平成27）年の278件まで，年により約50件の

増減を繰り返す状況が続いています．多くの人が労働災害に被災し，死傷している事実を重く受け止め，労働災害撲滅の努力を続けていかなければなりません．

また精神面の障害について，2011（平成23）年，精神障害の労災請求が1 272件（決定：1 074件），その後前年に対しての増減はあるものの，2017（平成29）年には請求が1 732件（決定：1 545件）あり，請求数が1 500件を超えた2015年以降，過去最多を更新しています．精神障害の労働災害撲滅のための努力も続けていく必要があります．

労働災害の現状を件数の面で示してきましたが，発生した労働災害が内容によって，増減を繰り返すもの・減少するもの・増加するものなど，労働災害の発生の傾向が異なっているという事象には，原因と背景があるはずです．

現在，社会情勢や経済情勢に大きな変化が生じています．サービス産業の拡大などで産業構造が変化し，第三次産業が労働災害に占める割合が増加を続けているのです．なかでも労働災害が急増している医療や介護などの分野は，高齢化の進展による需要の拡大により，製造業や建設業とは異なり，転倒災害や腰痛災害が多くを占めています．

健康対策の面でも変化が生じています．作業に伴う粉じんによる"じん肺"，製造・建設現場で使われるさまざまな化学物質による急性中毒やがんなどの健康障害に加えて，職場のさまざまなストレスによるメンタルヘルス不調や，過重労働による健康障害，屋内の事務所における受動喫煙，介護作業における腰痛といった問題が重要性を増しています．

重篤な災害に着目すると，製造業や建設業は依然として注意すべき業種です．建設業では，長期的な需要の減少によって技能労働者などが減少傾向にありましたが，東日本大震災後に建設復興需要が急増したため，全国的な人材不足が生じ，その結果，人材の質の維持や現場管理に支障が出ているところもあります．福島第一原子力発電所内の原子炉の廃炉に向けた作業や，広範囲に及ぶ除染作業という，これまで経験したことのないような作業が発生しており，厳しい環境下での作業による災害が発生しています．

安全衛生管理のノウハウを有する昭和20年代生まれを中心とする世代の退

職や，厳しいコスト競争，人員合理化が，生産現場の安全衛生活動に影響を及ぼしているところもあります．

雇用形態にも大きな変化がみられます．労働者全体に占める非正規労働者の割合は，1990 年代までは 20% 程度でしたが，その後急速に増加し，2010（平成 22）年時点では 34.3%，2017（平成 29）年には 37.3% にまで増加しています．非正規労働者は約 7 割を女性が占めていますが，そのうちの 8 割以上が第三次産業に集中しています．しかし，社会情勢の変化に伴い，労働者の 3 人に 1 人以上が非正規労働者となり，非正規労働者の多い第三次産業の労働災害に占める割合が増大しています．

障害者の雇用が進んでおり，障害者の心身の条件に応じた適正な配置や，障害の種類及び程度に応じた適切な安全衛生対策が講じられるよう留意が必要です．さまざまな分野で請負などによる外部委託が行われるという変化も生じています．安全衛生上の措置義務や，受注者の安全衛生対策に必要な経費の確保など，発注者が担うべき責任のあり方について，実態を調査し，あらためて検討する必要があります．

労働災害は，経済構造や就業環境の変化に加えて，急速に進む少子高齢化による影響も受けています．高齢者雇用の促進と相まって，高年齢労働者が増え，その結果，労働災害により被災する高齢者も増加しています．技術革新が進む中で危険有害要因が多様化してもいます．

6.2 労働安全衛生の今後

6.2.1 労働災害防止計画

労働災害防止計画は，労働者の安全と健康確保のために，国が長期的展望に立って，今後自らとるべき施策，労働災害防止の実施主体である組織等に取組みが求められる事項等について，労働安全衛生法第六条に基づき策定されるもので，同法第八条で公表が定められています．

労働災害防止計画は，5年間を期間とし，労働災害防止のための主要な対策に関する事項，その他の労働災害時に関し，重要な事項を定めるものとして，5年サイクルで厚生労働省が策定するものです．

"第13次労働災害防止計画"は，2018年4月から2023年3月までを対象に2018年2月に発行されました．第13次労働災害防止計画が目指す社会は"一人の被災者も出さないという基本理念の下，働く方々の一人ひとりがよりよい将来の展望を持ち得るような社会"です．

全体の計画の目標に"死亡災害15%以上の減少，死傷災害5%以上減少"を掲げ，その他の目標に次の6項目をあげています．

① 仕事上の不安・悩み・ストレスについて，職場に事業場外資源を含めた相談先がある労働者の割合を90%以上（71.2%：2016年）

② メンタルヘルス対策に取り組んでいる事業場の割合を80%以上（56.6%：2016年）

③ ストレスチェック結果を集団分析し，その結果を活用した事業場の割合を60%以上（37.1%：2016年）

④ 化学品の分類及び表示に関する世界調和システム（GHS）による分類の結果，危険有害性を有するとされるすべての化学物質について，ラベル表示と安全データシート（SDS）の交付を行っている化学物質譲渡・提供者の割合を80%以上（ラベル表示60.0%，SDS交付51.6%：2016年）

⑤ 第三次産業及び陸上貨物運送事業の腰痛による死傷者数を2017年と比較して，2022年までに死傷年千人率で5%以上減少

⑥ 職場での熱中症による死亡者数を2013年から2017年までの5年間と比較して，2018年から2022年までの5年間で5％以上減少

さらに，次に8項目の重点事項を決め，それぞれの具体的取組みを明示しています．

① 死亡災害の撲滅を目指した対策の推進
　・建設業における墜落・転落災害等の防止
　・製造業における施設，設備，機械等に起因する災害等の防止
　・林業における伐木等作業の安全対策　等
② 過労死等の防止等の労働者の健康確保対策の推進
　・労働者の健康確保対策の強化
　・過重労働による健康障害防止対策の推進
　・職場におけるメンタルヘルス対策等の推進　等
③ 就業構造の変化及び働き方の多様化に対応した対策の推進
　・災害の件数が増加傾向にある又は減少がみられない業種等への対応
　・高年齢労働者，非正規雇用労働者，外国人労働者及び障害者である労働者の労働災害の防止　等
④ 疾病を抱える労働者の健康確保対策の推進
　・企業における健康確保対策の推進，企業と医療機関の連携の促進
　・疾病を抱える労働者を支援する仕組みづくり　等
⑤ 化学物質等による健康障害防止対策の推進
　・化学物質による健康障害防止対策
　・石綿による健康障害防止対策
　・電離放射線による健康障害防止対策　等
⑥ 企業・業界単位での安全衛生の取組の強化
　・企業のマネジメントへの安全衛生の取込み
　・労働安全衛生マネジメントシステムの普及と活用
　・企業単位での安全衛生管理体制の推進　等
⑦ 安全衛生管理組織の強化及び人材育成の推進

・安全衛生専門人材の育成
・労働安全・労働衛生コンサルタント等の事業場外の専門人材の活用　等
⑧　国民全体の安全・健康意識の高揚　等
・高校，大学等と連携した安全衛生教育の実施
・科学的根拠，国際動向を踏まえた施策推進　等

　具体的取組みの6番目には"労働安全衛生マネジメントシステムの普及と活用"があげられています．労働安全衛生マネジメントシステムはISO 45001のみではありませんが，代表的なものとしてISO 45001（JIS Q 45001）を勉強して，組織内に構築していくと，第13次労働災害防止計画の全体目標"死亡災害15％以上の減少，死傷災害5％以上減少"に貢献することができるでしょう．

　労働災害防止計画は，産業構造の変化，就業形態の多様化，少子高齢化による高年齢労働者の増加と熟練労働者の減少等，労働者を取り巻く社会経済の変化に対応し，策定されるものですが，第13次労働災害防止計画では，過労死，メンタルヘルスなどが新しい重点事項として取り上げられていることが目を引きます．

　参考までに"第12次労働災害防止計画（2013年4月〜2018年3月）"の目標は次のとおりでした（要約）．

①　死亡災害の撲滅を目指して，平成24年と比較して，平成29年までに労働災害による死亡者の数を15％以上減少させること
②　平成24年と比較して，平成29年までに労働災害による休業4日以上の死傷者の数を15％以上減少させること
③　行政，労働災害防止団体，業界団体等の連携・協働による労働災害防止の取組み
　・専門家と労働災害防止団体の活用
　・業界団体との連携による実効性の確保
　・安全衛生管理に関する外部専門機関の育成と活用
④　社会，企業，労働者の安全・健康に対する意識改革の促進

- 経営トップの労働者の安全や健康に関する意識の高揚
- 労働環境水準の高い業界・企業の積極的公表
- 重大な労働災害を発生させ改善が見られない企業への対応
- 労働災害防止に向けた国民全体の安全・健康意識の高揚，危険感受性の向上

⑤ 科学的根拠，国際動向を踏まえた施策推進
- 労働安全衛生総合研究所等との連携による化学的根拠に基づく対策の推進
- 国際動向を踏まえた対策推進

⑥ 発注者，製造者，施設等の管理者による取組強化
- 発注者等による安全衛生への取組強化
- 製造段階での機械の安全対策の強化
- 労働者以外の人的・社会的影響も視野に入れた対策の検討

⑦ 東日本大震災，東京電力福島第一原子力発電所事故を受けた対応
- 東日本大震災の復旧・復興工事対策
- 原子力発電所事故対策

6.2.2　労働安全衛生マネジメントシステム
(1)　労働安全衛生マネジメントシステムの必要性

"マネジメント"とは，"組織を指揮し，管理するための調整された活動."（JIS Q 9000:2015）のことをいいます．労働安全衛生マネジメントの目的は，人間尊重の理念に基づき，産業活動がもたらす危険を排除して，災害や事故を防止し，さらには技術革新などによる新しい形の危険の発生をなくし，労働者はもちろん，国民一般も健康で快適な生活を享受できるようにすることです．

これらの目的を達成するための基本は，企業経営を行う事業者自らがその責任において災害や事故の未然防止を図ることです．ノウハウや技能，経験に依存する労働安全衛生技術はそのままでは標準とはなりにくいものです．労働安全衛生を標準化し，"制度"としての労働安全衛生を確立していくことが必要になります．

この制度こそが，本書の主題である労働安全衛生マネジメントシステムです．その時々のパフォーマンスに一喜一憂していても始まりません．仕組み化して，制度として，機能して，初めて組織に定着したといえます．

(2)　労働安全衛生の基本

労働安全衛生の基本思想は，次のとおりです．
・労働安全衛生のシステムには必ず"人"を含む．
・"人"が誤る要素を考慮する．
・教育・訓練だけでは達成できないことを明確にする．
・世界に通用する論理と技術をもって推進する．
・機械（ハード）と制度（ソフト）の両方を確保する．

また，労働安全衛生の実行の基本は，次のとおりです．
・労働安全衛生対策は，設計者，製造責任者の側で考える．
・労働災害の原因をとことん追究する．
・機械は故障し，人間は誤りを犯すことを前提に労働安全衛生対策を考える．
・機械の設計，製造，据付，運転，保守などの前段階で労働安全衛生対策を

考える.
・安全である，衛生的であるという判断は客観的証拠による.
そして，労働安全衛生のための要素は，大きく次の三つに分類されます.
① マネジメント（管理）によるもの

　　事故，災害などを起こさないために，主に人間の行為，行動をマネジメントすることで安全を確保しようとする要素である.

② 機械的安全確認によるもの

　　人の判断や管理手段によらず，主として機械的，ハードな手段により，労働安全衛生を確認，判断して，労働安全衛生を確保しようとする要素である.

③ 被害低減化によるもの

　　事故は確率で起こることを認め，事故が起こっても具体的な災害に到達しないようにするか，到達しても残留リスクの範囲にとどめるような労働安全衛生対策を実施することで，災害発生の可能性（被害）をできるだけ小さくし，労働安全衛生を確保しようとする要素である.

最後に，労働安全衛生をマネジメントする管理責任者は，その職務を遂行するにあたって，次のような労働安全衛生に対する大前提を考慮する必要があります.
・人の安全衛生は何者にも優先するものである.
・労働安全衛生は論理的に確認され，かつ，また，立証される必要がある.
・労働安全衛生マネジメントを運営する必要がある.
・"危険は忘れたころにやってくる"の原則を忘れない.
・労働安全衛生の向上は生産性を向上させる.

マネジメントシステムは，組織の多くの人々全員が決められたことを確実に行うことを管理するには，必須なツールです．日本においては，"ある時期は一生懸命に行うものの，時間が経つと忘れてしまい，最終的にはだれも見向きもしない"ということがよくあります．組織の労働安全衛生の確保にはOH&SMSの構築は必要なツールですが，逆にOH&SMSだけでも労働災害の

防止はできません.

組織には，管理技術と固有技術の両方が必要です．組織が従来進めてきた労働安全衛生確保に関する固有の知識，技術，技能は，ますます高めていかなければなりません．この固有技術がないところには，いくら立派な管理技術，すなわち労働安全衛生マネジメントシステムを構築しても意味がありません．今後のOH&SMSの構築，維持は，固有技術と管理技術両方の向上があってはじめて発展していくものです.

6.2.3　イギリスに学ぶ自主的労働安全衛生

2015年～2016年のイギリスの労働災害統計によると，労働災害による死亡者数は144人，休業災害（7日以上）約16万人となっています．

一方，日本の労働災害の状況は，同時期の2016（平成28）年の死亡者数は928人となっており，また休業災害（4日以上）は約12万人と報告されています．

イギリスの全就業者は日本の約45%であり，日本での死亡者を労働人口比で修正すれば，おおむね420人となります．すなわち，イギリスの労働災害による死亡者（144人）は日本の34%になります．イギリスと日本とでは産

業構造が異なり，日本のような重工業はイギリスにはあまりなく，軽工業が多いことに特徴があります．イギリスと日本とでは災害統計の算定方法（休業の取扱いや農業従事者の集計方法等）の違いなど，制度上の違いもあり，単純に比較はできませんが，死亡者数において顕著な違いが見受けられることは否定できません．この違いは何に起因するのでしょうか．

　日本とイギリスには，安全活動の考え方や手段といった全体の取組み方に根本的な相違があることが考えられます．

　注目されるのは，イギリスで定着している労働安全衛生マネジメントシステムの存在です．法律による規制だけでは労働災害の防止には根本的な手が打てないことで説明されています．安全は，"人の心"のあり方に頼らざるを得ない面があり，法律による規制だけでは，ムチで強制的に追いやられるが如く，消極的な対応になることが多く，残念ながら長続きしません．人が本当にやる気になったときは，日ごろ想像できないようなよい結果を生み出します．すべての人に共通していえることは，自分がその気になったとき，すなわち自発的にやるときです．ここにボランティアである労働安全衛生マネジメントシステム構築の基本的な意義があります．

6.3　JIS Q 45100

6.3.1　日本版 OH&S マネジメントシステム規格（JIS Q 45100）作成の経緯

　日本では，ISO 45001 の DIS（Draft International Standard：国際規格案）の検討がなされた 2017 年，さらに効果的な運用を図るために，従来の日本独自の安全衛生活動を追加した"ISO 45001 と一体で運用できる仕組み"を規格にすることはできないのかの検討が始まりました．

　従来，日本では KY（危険予知）活動，5S 活動といった独自の安全衛生活動が企業の中で実施されてきており，我が国の労働災害防止に大きな効果をあげてきました．厚生労働省の"労働安全衛生マネジメントシステムに関する指針"（以下，"厚労省指針"という）にも，これらの日常の活動を安全衛生計画

に盛り込むことが推奨されています．ISO 45001 国際会議（ISO/PC 238）において，日本は，我が国で効果をあげてきたこれらの安全衛生活動を ISO 45001 に記載するよう主張をし続けてきました．この主張に賛同する参加国もみられたものの，ISO 45001 に取り入れるには活動内容が詳細すぎること，及び開発途上国では対応が困難であるという理由で採用には至りませんでした．

このような背景から，厚生労働省が経済産業省と協議した結果，日本独自の安全衛生活動等を取り入れた新たな JIS の開発を検討することになりました．この新たな日本版 OH&S マネジメントシステム規格（JIS Q 45100）の原案作成にあたっては，厚生労働省，経済産業省，日本経済団体連合会，日本労働組合総連合会，認証機関や審査員研修機関の協議会，認定機関，労働災害防止団体等が委員となり，2 年にわたって多角的な検討が行われ，2018 年 9 月に JIS Q 45100，"日本版労働安全衛生マネジメントシステム規格" が発行されました．

6.3.2 JIS Q 45100 の解説

JIS Q 45100 は JIS Q 45001 と一体で運用される規格であることから，JIS Q 45001 の要求事項に追加する表現となっています．そのため，JIS Q 45100 としての追加の要求事項がある場合は，まず JIS Q 45001 規格本文の当該箇条番号が記され，その後に JIS Q 45100 の要求事項が追加されています．

以下に追加となった部分のみ，【　】内に箇条の表題，枠囲みの中に JIS Q 45100 の要求事項，その下に解説を記します．

【序文】

労働安全衛生をめぐる法規制及び安全衛生水準は，国によって格差が存在する中で，ISO 45001:2018 は，各国の状況に応じて柔軟に適用できるように作られている．

このため，ISO 45001:2018 の一致規格である JIS Q 45001:2018 の要求事項には，厚生労働省の "労働安全衛生マネジメントシステムに関する指針" で求められている，安全衛生活動などが明示的には含まれていない．

> この規格は，日本の国内法令との整合性を図るとともに，多くの日本企業がこれまで取り組んできた具体的な安全衛生活動，日本における安全衛生管理体制などを盛り込み，JIS Q 45001:2018 と一体で運用することによって，働く人の労働災害防止及び健康確保のために実効ある労働安全衛生マネジメントシステムを構築することを目的としている．
>
> JIS Q 45001:2018 の附属書 A には，この規格の要求事項の解釈のために参考となる説明が記載されている．
>
> この規格では，次のような表現形式を用いている．
> a) "～しなければならない"は，要求事項を示し，
> b) "～することができる"，"～できる"，"～し得る" などは，可能性又は実現能力を示す．
>
> この規格は，JIS Q 45001:2018 の要求事項をそのまま取り入れ，日本企業における具体的な安全衛生活動，安全衛生管理体制などの要求事項及び注記について追加して規定する．これら追加事項は，斜体かつ太字で表記する．

この序文においては，JIS Q 45100 を制定した背景，目的を述べています．最後の段落には "これら追加事項は，斜体かつ太字で表記する．" と記載されていますが，本書ではこの追加事項は本書と同じ書体で記載しています．

【1　適用範囲】

> この規格は，労働安全衛生水準の更なる向上を目指すことを目的として，組織が行う安全衛生活動などについて，JIS Q 45001:2018 の要求事項に加えて，より具体的で詳細な追加要求事項について規定する．

適用範囲の内容は JIS Q 45001 と同じですが，序文に説明されているように，日本企業における具体的な安全衛生活動，安全衛生管理体制などの構築を目的にする場合は，JIS Q 45100 を選択することがよいでしょう．

【2 引用規格】

次に掲げる規格は，この規格に引用されることによって，この規格の規定の一部を構成する．この引用規格は，記載の年の版を適用し，その後の改正版（追補を含む．）は適用しない．

 JIS Q 45001:2018 労働安全衛生マネジメントシステム－要求事項
        及び利用の手引

  注記 対応国際規格：ISO 45001:2018, Occupational health and safety managements systems － Requirements with guidance for use

JIS Q 45001 の要求事項は，JIS Q 45100 においても要求事項として取り扱われることを明確にしています．

【3 用語及び定義】

この規格で用いる主な用語及び定義は，JIS Q 45001:2018 による．

JIS Q 45100 において，用語の追加はないことを明確にしています．

【5.3 組織の役割，責任及び権限】

JIS Q 45100 本文では JIS Q 45001 の 5.3 が引用されている．

トップマネジメントは，労働安全衛生マネジメントシステムの中の関連する役割に対する責任及び権限の割り当てにおいては，システム各級管理者を指名することを確実にしなければならない．

  注記2 システム各級管理者とは，事業場においてその事業を統括管理する者，及び生産・製造部門などの事業部門，安全衛生部門などにおける部長，課長，係長，職長，作業指揮者などの管理者又は監督者であって，労働安全衛生マネジメントシス

テムを担当する者をいう．

"システム各級管理者"とは，"厚労省指針"の第七条（体制の整備）に示されている人たちのことです．

【5.4 働く人の協議及び参加】

JIS Q 45100本文ではJIS Q 45001の5.4が引用されている．

組織は，働く人及び働く人の代表（いる場合）との協議及び参加について，次の場を活用しなければならない．
f) 安全委員会，衛生委員会又は安全衛生委員会が設置されている場合は，これらの委員会
g) f)以外の場合には，安全衛生の会議，職場懇談会など働く人の意見を聴くための場

組織は，協議及び参加を行うプロセスに関する手順を定め，この手順によって協議及び参加を行わなければならない．

日本の法令では，労働者が常時50人以上（一部の業種については常時100人以上）及び一定の業種の事業場については"安全委員会"の設置を定め，労働者が常時50人以上のすべての事業場については"衛生委員会"の設置を定めています．

労働者の危険防止のための施策を講じるための委員会が"安全委員会"，職場の健康保持増進を図るための委員会が"衛生委員会"ですが，両方の委員会を設置しなければならない事業場では，"安全衛生委員会"として一体での運営を認めています．

また，JIS Q 45100の5.4では"協議及び参加を行うプロセスに関する手順"を定めることを求めていますが，この手順は7.5.1.1の要求事項により文書化する必要があります．

【6.1 リスク及び機会への取組み】
【6.1.1 一般】

JIS Q 45100 本文では JIS Q 45001 の 6.1.1 が引用されている.

組織は,次に示す全ての項目について取り組む必要のある事項を決定するとともに実行するための取組みを計画しなければならない(JIS Q 45001:2018 の 6.1.4 参照).

a) 法的要求事項及びその他の要求事項を考慮に入れて決定した取組み事項
b) 労働安全衛生リスクの評価を考慮に入れて決定した取組み事項
c) 安全衛生活動の取組み事項(法的要求事項以外の事項を含めること)
d) 健康確保の取組み事項(法的要求事項以外の事項を含めること)
e) 安全衛生教育及び健康教育の取組み事項
f) 元方事業者にあっては,関係請負人に対する措置に関する取組み事項

組織は,附属書 A を参考として,取り組む必要のある事項を決定するとともに実行するための取組みを計画することができる.

なお,附属書 A に記載されている事項以外であってもよい.

組織は,取組み事項を決定し取組みを計画するときには,組織が所属する業界団体などが作成する労働安全衛生マネジメントシステムに関するガイドラインなどを参考とすることができる

注記 1　元方事業者とは,一つの場所において行う事業の仕事の一部を請負者に請け負わせているもので,その他の仕事は自らが行う事業者をいう.

注記 2　関係請負人とは,元方事業者の当該事業の仕事が数次の請負契約によって行われるときに,当該請負者の請負契約の後次の全ての請負契約の当事者である請負者をいう.

附属書 A には法令関連事項が掲載されていますが,これは法令事項の漏れ

がないように組織に気づきを与えるために明記したものであり,決して強制的なものではありません.

附属書Aの中から活動を選んで実施してもらうことを意図しており,場合によっては組織が独自に行っている安全衛生活動で差し支えないという考えです.

【6.1.1.1　労働安全衛生リスクへの取組み体制】

> 組織は,危険源の特定（JIS Q 45001:2018 の 6.1.2.1 参照），労働安全衛生リスクの評価（6.1.2.2 参照）及び決定した労働安全衛生リスクへの取組みの計画策定（JIS Q 45001:2018 の 6.1.4 参照）をするときには,次の事項を確実にしなければならない.
> a) 事業場ごとに事業の実施を統括管理する者にこれらの実施を統括管理させる.
> b) 組織の安全管理者,衛生管理者など（選任されている場合）に危険源の特定及び労働安全衛生リスクの評価の実施を管理させる.
>
> 組織は,危険源の特定及び労働安全衛生リスク評価の実施に際しては,次の事項を考慮しなければならない.
> − 作業内容を詳しく把握している者（職長,班長,組長,係長などの作業中の働く人を直接的に指導又は監督する者）に検討を行わせるように努めること.
> − 機械設備及び電気設備に係る危険源の特定並びに労働安全衛生リスクの評価に当たっては,設備に十分な専門的な知識をもつ者を参画させるように努めること.
> − 化学物質などに係る危険源の特定及び労働安全衛生リスクの評価に当たっては,必要に応じて,化学物質などに係る機械設備,化学設備,生産技術,健康影響などについての十分な専門的知識をもつ者を参画させること.
> − 必要に応じて,外部コンサルタントなどの助力を得ること.
> 　　注記1　"化学物質など"の"など"には,化合物,混合物が含まれる.
> 　　注記2　"事業の実施を統括管理する者"には,総括安全衛生管理者

及び統括安全衛生責任者が含まれ，総括安全衛生管理者の選任義務のない事業場においては，事業場を実質的に管理する者が含まれる．

注記3　"安全管理者，衛生管理者など"の"など"には，安全衛生推進者及び衛生推進者が含まれる．

注記4　"外部コンサルタントなど"には，労働安全コンサルタント及び労働衛生コンサルタントが含まれるが，それ以外であってもよい．

6.1.1.1 は JIS Q 45100 独自の追加の要求事項であり，JIS Q 45001 からの引用はありません．危険源の特定，労働安全衛生リスクの評価について具体的な要求事項を規定しています．

【6.1.2.2　労働安全衛生リスク及び労働安全衛生マネジメントシステムに対するその他のリスクの評価】

JIS Q 45100 本文では JIS Q 45001 の 6.1.2.2 が引用されている．

労働安全衛生リスクの評価の方法及び基準は，負傷又は疾病の重篤度及びそれらが発生する可能性の度合いを考慮に入れたものでなければならない．

組織は，当該評価において，附属書Aを参考にすることができる．

組織は，労働安全衛生リスクを評価するためのプロセスに関する手順を策定し，この手順によって実施しなければならない．

JIS Q 45001 にはない要求事項として，労働安全衛生リスクを評価するための手順の策定を求めています．7.5.1.1 では，この手順を文書にすることを求めています．

【6.1.2.3　労働安全衛生機会及び労働安全衛生マネジメントシステムに対するその他の機会の評価】

> **JIS Q 45100 本文では JIS Q 45001 の 6.1.2.2 が引用されている.**
> 　組織は，当該評価において，附属書Aを参考にすることができる.

　附属書Aの記載には"労働安全衛生機会及び労働安全衛生マネジメントシステムに対するその他の機会"のヒントがあります.

【6.1.3　法的要求事項及びその他の要求事項の決定】

> **JIS Q 45100 本文では JIS Q 45001 の 6.1.3 が引用されている.**
> 　組織は，当該決定において，附属書Aを参考にすることができる.

　附属書Aの記載には"法的要求事項及びその他の要求事項"に該当する事項があります.

【6.2.1.1　労働安全衛生目標の考慮事項など】

> 　組織は，労働安全衛生目標（JIS Q 45001:2018 の 6.2.1 参照）を確立しようとするときには，次の事項を考慮しなければならない.
> ―過去における安全衛生目標（JIS Q 45001:2018 の 6.2.1 参照）の達成状況
> 　組織は，労働安全衛生目標の確立に当たって，一定期間に達成すべき到達点を明らかにしなければならない.

　"厚労省指針"の第十一条（安全衛生目標の設定）では，安全衛生目標の設定時には過去の目標を考慮することが規定されています. 6.2.1.1 は JIS Q 45100 独自の箇条です.

【6.2.2　労働安全衛生目標を達成するための計画策定】

> **JIS Q 45100 本文では JIS Q 45001 の 6.2.2 が引用されている.**
>
> 　組織は，労働安全衛生目標をどのように達成するかについて計画するとき，a)～f) に加え，次の事項を決定しなければならない.
>
> g)　計画の期間
> h)　計画の見直しに関する事項
>
> 　組織は，労働安全衛生目標をどのように達成するかについて計画するとき，利用可能な場合，過去における次の事項を考慮しなければならない.
>
> i)　労働安全衛生目標の達成状況及び労働安全衛生目標を達成するための計画の実施状況
> j)　モニタリング，測定，分析及びパフォーマンス評価の結果（9.1.1 参照）
> k)　インシデントの調査及び不適合のレビューの結果並びにインシデント及び不適合に対してとった処置（10.2 参照）
> l)　内部監査の結果（JIS Q 45001:2018 の 9.2.1 及び 9.2.2 参照）

　JIS Q 45001 では"労働安全衛生目標を達成するための計画"と表現されていますが，一般には"安全衛生計画"と呼ばれています.

【6.2.2.1　実施事項に含むべき事項】

> 　組織は，労働安全衛生目標を達成するための計画に，6.1.1 で決定し，計画した取組みの中から，次の全ての事項について実施事項に含めなければならない.
>
> a)　法的要求事項及びその他の要求事項を考慮に入れて決定した取組み事項及び実施時期
> b)　労働安全衛生リスクの評価を考慮に入れて決定した取組み事項及び実施時期
> c)　安全衛生活動の取組み事項（法的要求事項以外の事項を含めること）及び実施時期

> d) 健康確保の取組み事項（法的要求事項以外の事項を含めること）及び実施時期
> e) 安全衛生教育及び健康教育の取組み事項及び実施時期
> f) 元方事業者にあっては，関係請負人に対する措置に関する取組み事項及び実施時期

JIS Q 45001 にはない箇条です．6.1.1 で計画化したことを確実に実施するため，安全衛生計画に盛り込む項目を規定しています．"厚労省指針"の第十二条（安全衛生計画の作成）と整合を取っています．

【7.2 力量】

> **JIS Q 45100 本文では JIS Q 45001 の 7.2 が引用されている．**
> 組織は，安全衛生活動及び健康確保の取組みを実施し，維持し，継続的に改善するため，次の事項を行わなければならない．
> e) 適切な教育，訓練又は経験によって，働く人が，安全衛生活動及び健康確保の取組みを適切に実施するための力量を備えていることを確実にする．
> f) 適切な教育，訓練又は経験によって，システム各級管理者が，安全衛生活動及び健康確保の取組みの有効性を適切に評価し，管理するための力量を備えていることを確実にする．

JIS Q 45001 に追加された力量です．e) は健康確保を推進する力量を追加しています．f) ではシステム各級管理者が，健康確保を含めた力量の有効性の評価実施を追加しています．

【7.5.1.1 手順及び文書化】

> 組織は，5.4，6.1.2.2，7.5.3，8.1.1，8.1.2，9.1.1，9.1.2 及び 10.2 によって策定する手順に，少なくとも次の事項を含まなければならない．

a) 実施時期
b) 実施者又は担当者
c) 実施内容
d) 実施方法

組織は，5.4，6.1.2.2，7.5.3，8.1.1，8.1.2，9.1.1，9.1.2 及び 10.2 によって策定する手順を，文書化した情報として維持しなければならない．

JIS Q 45001 にはない手順書の作成を要求しています．手順書に含めるべき 4 項目を a)～d) に規定しています．手順書が求められている各箇条は次のとおりです．

5.4　働く人の協議及び参加
6.1.2.2　労働安全衛生リスク及び OH&SMS に対するその他のリスクの評価
7.5.3　文書化した情報の管理
8.1.1　運用
8.1.2　危険源の除去及び労働安全衛生リスクの低減
9.1.1　モニタリング，測定，分析及びパフォーマンス評価
10.2　インシデント，不適合及び是正処置

【7.5.3　文書化した情報の管理】

JIS Q 45100 本文では JIS Q 45001 の 7.5.3 が引用されている．

組織は，文書化した情報の管理（文書を保管，改訂，廃棄などをすることをいう．）に関する手順を定め，これによって文書化した情報の管理を行わなければならない．

"厚労省指針" の第八条（明文化）にある文書管理手順書の作成を求めています．文書管理手順書を新たに作成する必要はなく，既存の手順書を見直し，必要に応じて修正することでよいでしょう．

【8.1 運用の計画及び管理】

【8.1.1 一般】

> **JIS Q 45100 本文では JIS Q 45001 の 8.1.1 が引用されている.**
>
> 　組織は,箇条6で決定した取組みを実施するために必要なプロセスに関する手順を定め,この手順によって実施しなければならない.
>
> 　組織は,箇条6で決定した取組みを実施するために必要な事項について,働く人及び関係する利害関係者に周知させる手順を定め,この手順によって周知させなければならない.

"厚労省指針"の第十三条(安全衛生計画の実施等)の規定で,JIS Q 45100の箇条6で策定した取組みの計画を実施するための手順書を求めています(7.5.1.1,123ページ参照).周知のための手順書も含まれます.

【8.1.2 危険源の除去及び労働安全衛生リスクの低減】

> **JIS Q 45100 本文では JIS Q 45001 の 8.1.2 が引用されている.**
>
> 　組織は,危険源の除去及び労働安全衛生リスクを低減するためのプロセスに関する手順を定め,この手順によって実施しなければならない.
>
> 　組織は,危険源の除去及び労働安全衛生リスクの低減のための措置を6.1.1.1の体制で実施しなければならない.

8.1.2で追加されている要求事項は手順の文書化です(7.5.1.1参照).危険源の除去及び労働安全衛生リスクを低減するためのプロセスを手順書にします.

【9.1 モニタリング,測定,分析及びパフォーマンス評価】

【9.1.1 一般】

> **JIS Q 45100 本文では JIS Q 45001 の 9.1.1 が引用されている.**
>
> 　組織は,モニタリング,測定,分析及びパフォーマンス評価のためのプロセスに関する手順を定め,この手順によって実施しなければならない.

9.1.1 で追加されている要求は手順書の作成です（7.5.1.1 参照）。モニタリング，測定，分析及びパフォーマンス評価のためのプロセスの手順書を求めています．

【9.2.2　内部監査プログラム】

> **JIS Q 45100 本文では JIS Q 45001 の 9.2.2 が引用されている．**
> 　組織は，監査プログラムに関する手順を定め，この手順によって実施しなければならない．

ここでは，内部監査プログラムに関する手順を求めていますが，7.5.1.1 の規定により，文書化する必要があります．

【10.2　インシデント，不適合及び是正処置】

> **JIS Q 45100 本文では JIS Q 45001 の 10.2 が引用されている．**
> 　組織は，インシデント，不適合及び是正処置を決定し，管理するためのプロセスに関する手順を定め，この手順によって実施しなければならない．

10.2 で追加されている要求事項は手順書の作成です（7.5.1.1 参照）。インシデント，不適合及び是正措置を決定し，管理するためのプロセスの手順書を求めています．

【附属書 A（参考）】

取組み事項の決定及び労働安全衛生目標を達成するための計画策定などにあたって，参考とできる事項を一覧表にしています．
　6.1.1，6.1.2.2，6.1.2.3 及び 6.1.3 において，附属書 A を参考にします．

6.4 JIS Q 17021-100

6.4.1 JIS Q 17021-100 作成の経緯

日本独自の安全衛生活動を追加した"ISO 45001 (JIS Q 45001) と一体で運用できる仕組み"を規格にする検討が始まると同時に，認証制度の検討も始まりました．

JIS Q 17021-100 の原案作成にあたっては，JIS Q 45100 と同様，厚生労働省，経済産業省，日本経済団体連合会，日本労働組合総連合会，各認証機関や審査員研修機関の協議会，認定機関，労働災害防止団体などが委員となり，2 年にわたって審査員の力量の検討が行われ，2018 年 9 月に JIS Q 17021-100 が発行されました．

6.4.2 JIS Q 17021-100 の解説

JIS Q 17021-10 "適合性評価—マネジメントシステムの審査及び認証を実施する機関に対する要求事項—第 10 部：労働安全衛生マネジメントシステムの審査及び認証に関する力量要求事項"は，JIS Q 45001 を審査する審査員の力量基準となるものです．

JIS Q 17021-100 は，JIS Q 45100 を審査する認証審査員の力量を定めた規格で，JIS Q 17021-10 と整合しながら，かつ，いくつかの事項を追加しています．以下に追加となった部分のみ，【 】内に箇条の表題，枠囲みの中に JIS 規格，その下に解説を記します．

【序文】

> この規格は，JIS Q 45100:2018 の審査及び認証を行う要員の力量に関し，JIS Q 17021-10:2018 に規定された要求事項を補足するものである．JIS Q 45100:2018 は JIS Q 45001:2018 と一体で運用することによって，日本の国内法令との整合性を図り，多くの日本企業が取り組んできた具体的な安全衛生活動及び健康確保の取組みを取り入れ，働く人の労働災害防

第6章　労働安全衛生の今後について

> 止及び健康確保のために実効ある労働安全衛生（OH&S）マネジメントシステムの構築を目的としている．
> 　この規格は，JIS Q 45100:2018 の審査及び認証を行う要員に求められる力量要求事項を明確化することを目的としている．
> 　この規格は，JIS Q 17021-10 の要求事項をそのまま取り入れ，JIS Q 45100:2018 で追加して規定された日本企業における具体的な安全衛生活動，安全衛生管理体制などの審査及び認証を行う機関に対する要求事項及び注記について追加して規定する．これら追加事項は，斜体かつ太字で表記する．

　JIS Q 17021-100 の位置付けを記しています．JIS Q 45100:2018 の審査及び認証を行う要員の力量に関し，JIS Q 17021-10:2018 に規定されている要求事項を補足するものです．

　この最後の段落に"これら追加事項は，斜体かつ太字で表記する．"と記されていますが，本書ではこの追加事項は本書と同じ書体で記載しています．

【1　適用範囲】

> 　この規格は，JIS Q 45100:2018 の審査及び認証プロセスに関与する要員に対する力量要求事項について規定する．

【2　引用規格】

> 　次に掲げる規格は，この規格に引用されることによって，この規格の規定の一部を構成する．これらの引用規格は，記載の年の版を適用し，その後の改正版（追補を含む．）は適用しない．
> 　JIS Q 17021-10:2018 適合性評価－マネジメントシステムの審査及び認証を行う機関に対する要求事項－第10部：労働安全衛生マネジメントシステムの審査及び認証に関する力量要求事項

> 注記　対応国際規格：ISO/IEC TS 17021-10:2018, Conformity assessment − Requirements for bodies providing audit and certification of management systems − Part 10:Competence requirements for auditing and certification of occupational health and safety management systems
> JIS Q 45100:2018　労働安全衛生マネジメントシステム−要求事項及び利用の手引−安全衛生活動などに対する追加要求事項

引用規格として，JIS Q 17021-10:2018 及び JIS Q 45100:2018 をあげています．

【3　用語及び定義】

> この規格で用いる主な用語及び定義は，JIS Q 17021-10:2018 及び JIS Q 45100:2018 による．

【5.2　OH&S の用語，原則，プロセス及び概念】

> 各 OH&S マネジメントシステム審査員は，JIS Q 45100:2018 の目的及び内容に関する知識をもたなければならない．
> 各 OH&S マネジメントシステム審査員は，JIS Q 45100:2018 の 7.5.1.1 に規定する手順及び文書化について，必要な内容が決定され，適切な方法で作成及び見直しされているかどうかを評価するための知識をもたなければならない．

【5.5　法的要求事項及びその他の要求事項】

> OH&S マネジメントシステム審査に関与するチームの要員は，作業における健康・安全分野の法的要求事項及びその他の要求事項について組織

が適切な方法で決定し，適用し，定期的にレビューするプロセスをもっているかを評価するため，OH&S 分野における国内法規，指針及び通達の知識をもたなければならない．

ここで追加されている"日本における法的要求事項及びその他の要求事項について"は，JIS Q 45100 附属書 A が参考になります．

【5.6.1　リスク及び機会】

OH&S マネジメントシステム審査に関与するチームの要員は，組織の状況及び OH&S マネジメントシステムの対象とする組織の範囲を踏まえ，危険源を特定するとともに OH&S リスク及び OH&S 機会を決定するための適切な方法を組織が適用しているかどうかを評価するため，次に示す OH&S における専門分野の取組みを含めて，各分野の知識（実務経験及び判断力を含む．）をもたなければならない．

a) 危険性又は有害性等の調査及びその調査結果に基づき講じるべき措置に関する知識分野

b) 化学物質等による危険性又は有害性等の調査及びその調査結果に基づき講じるべき措置に関する知識分野

c) JIS Q 45100:2018 の附属書 A の全般領域及び安全衛生共通領域のうち労働安全分野

d) JIS Q 45100:2018 の附属書 A の全般領域及び安全衛生共通領域のうち労働衛生分野

e) JIS Q 45100:2018 の附属書 A の健康領域の分野

　a)～e) の分野について，審査チームの各審査員が全ての知識をもつ必要はなく，一部の知識をもつことでもよいが，審査チーム全体としての力量は，審査目的を達成するために十分であることが必要である．

JIS Q 45100 の審査員がもっていなければならない力量には，多くの追加の要求事項がありますが，5.6.1 の最後の段落に記載されるように，審査チームの全員が保有していなければならないということではありません．

【6.1　OH&S の用語，原則，プロセス及び概念】

> 審査報告書をレビューし，認証の決定をする要員は，JIS Q 45100:2018 の目的及び内容に関する知識をもたなければならない．
>
> 審査報告書をレビューし，認証の決定をする要員は，JIS Q 45100:2018 の 7.5.1.1 に規定する手順及び文書化について，必要な内容が決定され，適切な方法で作成及び見直しされているかどうかを評価するための知識をもたなければならない．

【6.4　法的要求事項及びその他の要求事項】

> 審査報告書をレビューし，認証の決定をする要員は，作業における健康・安全分野の法的要求事項及びその他の要求事項として，OH&S 分野における国内法規，指針及び通達を認識していなければならない．

【6.5.4　OH&S リスク及び OH&S 機会】

> 審査報告書をレビューし，認証の決定をする要員は，5.6.1 に規定する分野の知識（実務経験及び判断力を含む．）を認識していなければならない．

【7.1　OH&S の用語，原則，プロセス及び概念】

> 審査チームに要求する力量を決定し，審査チームのメンバーを選定し，審査工数を決定するための申請書をレビューする要員は，その機能にふさわしく，JIS Q 45100:2018 の目的及び内容に関する知識をもたなければ

ならない.

引用・参考文献

1) 中央労働災害防止協会監修，平林良人編著（2018）：ISO 45001：2018（JIS Q 45001:2018）労働安全衛生マネジメントシステム—要求事項の解説，日本規格協会
2) 平林良人・奥野麻衣子（2015）：ISO 共通テキスト〈附属書 SL〉解説と活用 ISO マネジメントシステム構築組織のパフォーマンス向上，日本規格協会
3) JIS Q 9001:2015，品質マネジメントシステム—要求事項
4) JIS Q 9000:2015，品質マネジメントシステム—基本及び用語
5) ISO/IEC Guide 51:2014, Safety aspects—Guidelines for their inclusion in standards（JIS Z 8051:2015，安全側面—規格への導入指針）
6) JIS Q 0073:2010，リスクマネジメント—用語（ISO Guide 73:2009）
7) JIS Q 31000:2010，リスクマネジメント—原則及び指針（ISO 31000:2009）
8) JIS B 9700:2013，機械類の安全性—設計のための一般原則—リスクアセスメント及びリスク低減（ISO 12100:2010）
9) 吉澤正監修，岡本和哉・雫文男・豊田寿夫・平林良人・吉澤正（2008）：OHSAS 18001:2007 労働安全衛生マネジメントシステム—日本語版と解説，日本規格協会
10) OHSAS 18002:2008, Occupational health and safety management systems—Guidelines for the implementation of OHSAS 18001:2007（労働安全衛生マネジメントシステム—OHSAS 18001:2007 実施のための指針）
11) 中央労働災害防止協会編（2017）：安全の指標〈平成 29 年度〉，中央労働災害防止協会
12) 日本規格協会編（2005）：世界の規格便覧 第 1 巻～第 4 巻，"労働安全衛生マネジメントシステム（OHSMS）"（平林良人著），日本規格協会
13) 矢野友三郎・平林良人（2003）：新 世界標準 ISO マネジメント，日科技連出版社

索　引

【アルファベット】

Appendix 2　26, 80
BS 8800　28, 31
BSI　32
COPOLCO　25
CSR　24
　──の対象範囲　25
DIS　113
GSR　24
harm　10
hazard　58
hazardous event　58
hazardous situation　58
IAF　77
IEC　12
ILO　22
ILO ガイドライン　23
　──の特徴　23
ILS　22
incident　16
IOHA　23
ISO　12
ISO 12100　51
ISO 45001　29
　──の追加の要求事項　36
　──の目的　82
ISO 9000 ファミリー規格　29
ISO/IEC 17021-1　72
ISO/IEC Guide 51　10
ISO/IEC TS 17021-10　37
ISO/IEC 専門業務用指針の統合版
　ISO 補足指針　80
ISO/PC 283　33
JAB　35

JAS-ANZ　75
JIS Q 17021-10　37
JIS Q 17021-100　37, 127
JIS Q 45001 と JIS Q 45100 の関係
　36
JIS Q 45100　35, 113, 114
JIS Z 8051　10
JTCG　80
OH&S マネジメントシステム　27
OH&S リスク　51, 82
OH&SMS　22, 27, 34
OHSAS　34
　──18000 シリーズ　34
　──18001　28
OSHMS　34
PC　33
risk　10
RvA　75
safety　9, 10
SDGs　25
SR　24
SRI　25
TC　31
TMB　25
tolerable risk　12

【あ行】

安全　9, 10, 11
　──委員会　49
　──衛生委員会　49
　──衛生推進者　48
　──衛生責任者　49
　──衛生配慮義務　40
　──管理活動　9
　──管理者　48

——週間　20
——領域　52
イギリス規格協会　32
移行ガイド　77
異常な事情　52
インシデント　16
影響　81
衛生　14
——委員会　49
——管理者　48
——推進者　48

【か行】

快適な作業環境の形成　17
関係請負人　118
管理技術　28
危害　12
——の度合い　10, 63
——の発生確率　10, 11, 63
企業の社会的責任　24
危険源　10, 11, 58
——（広義）　59
——から災害発生へのプロセス　59
——の同定　59
——の例　59
危険源リスト　59
——を用いた危険源の同定　60
——を用いたハザード（危険源）の同定　59
危険事象　58
危険状態　58
危険でない状態　9
危険の度合い　10
危険領域　52
技術委員会　31
技術管理評議会　25
共通テキスト　79, 80
許容可能なリスク　12, 52, 64
記録する項目の例　69

経営者　39
健康診断　15
工場法　17, 20
厚労省指針　35
合同技術調整グループ　80
合理的に予見可能な誤使用　62
国際電気標準会議　12
国際認定フォーラム　77
国際標準化機構　12
国際労働衛生工学協会　23
国際労働機関　22
国際労働基準　22
固有技術　28
雇用安全衛生法　17
コンソーシアム規格　29

【さ行】

災害と傷害の比率モデルの三角形　15
作業主任者　48
産業安全の原理　15
産業医　48
——の職務　14
事業者　39
事業場　39
事業プロセス　84
事故の型の分類　61
自主的　17
システム　27
——各級管理者　116
持続可能な開発目標　25
社会的責任投資　25
使用　56
上位構造，共通の中核となるテキスト，共通用語及び中核となる定義　80
消費者政策委員会　25
審査員研修機関　73
審査登録制度　71
正会員　32
製造場取締規則　20

製造所取締規則　20
全国産業安全衛生大会　20
総括安全衛生管理者　47
組織　39

【た行】

第12次労働災害防止計画　108
第13次労働災害防止計画　106
店社安全衛生管理者　49
問いかけチェックポイント　62
特定された重大なリスク　64
度数率　18

【な行】

日本適合性認定協会　35
日本版OH&Sマネジメントシステム
　規格　114
認証機関　71,73
認証制度　71
認定機関　73

【は行】

ハインリッヒの法則　15
ハザード　10,12,58
　——（危険源）（広義）　59
　——（危険源）からの災害発生への
　　プロセス　59
　——（危険源）の同定　59
　——（危険源）リストを用いたハザ
　　ード（危険源）の同定　59
ヒヤリハット　15,16
　——活動　16,17
不安　9
　——領域　52
不安全行動　58,62
不完全な安全　9
附属書SL　79,80
不確かさ　81
プロジェクト委員会　33

暴露　11
ボランティア　17
本質危険源　11

【ま行】

マネジメント　110
　——システム　26
メンバーボディ　32
元方安全衛生管理者　49
元方事業者　118

【や行】

誘因危険源　11

【ら行】

リスク　10,51,63,81
　——が適切に低減されたことの判断基
　　準　67
　——低減対策の種類と内容　66
　——の評価　64
　——分析　12
　——マネジメント　13
　——見積り　63
　——レベルに基づく処置原則の事例
　　65
　——を評価　51
リスクアセスメント　12,13,14,51
　——（狭義）　13
　——及びリスクの低減の反復プロセス
　　13
労働安全衛生アセスメントシリーズ
　34
労働安全衛生の基本思想　110
労働安全衛生のための要素　111
労働安全衛生法　17,21
　——のポイント　18
　——の目的　45
労働安全衛生マネジメントシステム
　22,27,110

138

——規格　31
労働安全衛生マネジメントの目的　110
労働安全衛生リスク　82
労働基準法　21

労働災害防止計画　106

【わ行】

ワークショップ　23

著者略歴

平林　良人（ひらばやし　よしと）

1968年	東北大学工学部機械工学科卒業
1987年～1992年	セイコーエプソン英国工場取締役工場長
2002年～2011年	東京大学大学院新領域創成科学研究科講師
2004年～2007年	経済産業省新JISマーク制度委員会委員
2008年～2015年	東京大学工学系研究科共同研究員
現　在	株式会社テクノファ取締役会長
	ISO/PC 283（ISO 45001）日本代表エキスパート
	ニチアス株式会社社外取締役

やさしい ISO 45001（JIS Q 45001）
労働安全衛生マネジメントシステム入門
定価：本体 1,600 円（税別）

2018 年 11 月 30 日　第 1 版第 1 刷発行

著　者　平林　良人
発行者　揖斐　敏夫
発行所　一般財団法人　日本規格協会
　　　　〒 108-0073　東京都港区三田 3 丁目 13-12 三田 MT ビル
　　　　　　　　　　http://www.jsa.or.jp/
　　　　　　　　　　振替　00160-2-195146
印刷所　株式会社ディグ
製　作　株式会社インターブックス

© Yoshito Hirabayashi, 2018　　　　　　　　　　Printed in Japan
ISBN978-4-542-92029-3

●当会発行図書，海外規格のお求めは，下記をご利用ください．
　販売サービスチーム：（03）4231-8550
　書店販売：（03）4231-8553　注文 FAX：（03）4231-8665
　JSA Webdesk：https://webdesk.jsa.or.jp/